U0338716

安平县
耕地质量演变与培肥增效技术

◎王贵霞 付 鑫 彭正萍 李旭光 等 编著

中国农业科学技术出版社

图书在版编目（CIP）数据

安平县耕地质量演变与培肥增效技术／王贵霞等编著．--北京：中国农业
科学技术出版社，2022.8

ISBN 978-7-5116-5860-9

Ⅰ.①安… Ⅱ.①王… Ⅲ.①耕地资源-研究-安平县 Ⅳ.①F323.211

中国版本图书馆 CIP 数据核字（2022）第 145131 号

责任编辑　徐定娜
责任校对　王　彦
责任印制　姜义伟　王思文

出 版 者　中国农业科学技术出版社
　　　　　北京市中关村南大街 12 号　　邮编：100081
电　　话　（010）82105169（编辑室）　　　（010）82109702（发行部）
　　　　　（010）82109709（读者服务部）
网　　址　https://castp.caas.cn
经 销 者　各地新华书店
印 刷 者　北京建宏印刷有限公司
开　　本　185 mm×260 mm　1/16
印　　张　10
字　　数　219 千字
版　　次　2022 年 8 月第 1 版　2022 年 8 月第 1 次印刷
定　　价　48.00 元

《安平县耕地质量演变与培肥增效技术》
编著人员

主　　编：王贵霞　付　鑫　彭正萍　李旭光

副 主 编：张晓芳　王　赫　王亚玲　付　帅

参编人员：王　菊　王红艳　杜娜钦　李　倩　张　丁　孙坤雁
　　　　　甄怡铭　张子旋　刘晓明　郝立岩　王艳群　王　杨
　　　　　门　杰　刘　赞　杨晓楠　门明新　何运转　贾海民
　　　　　刘淑桥　郭　靖　陈立宏　骆冬洁　王桂锋　张世辉
　　　　　张瑞雪　邹立坤　梁　虹　王朝东　刘晓丽　彭先园
　　　　　刘志刚　李　皓　马金翠　周　繁　王　洋　杨　扬
　　　　　薛　澄　黄媛媛　马　阳　李　牧　刘　磊　罗洮峰
　　　　　牛力强　李永丰　滕　菲　冯英明　王永高　史雪梅
　　　　　杨　炯　高泽崇　尚美娟　杨　靖　董丽丽　杜玉文
　　　　　王　宇　侯　瑞　刘胜蓝　宋小颖　王烁凯　康佳琪
　　　　　李敬宇

内容简介

  本书分七章阐述了河北省安平县自然概况、耕地资源概况、农业和农村概况；利用土壤类型、分布特征及其多年耕地质量调查和监测数据，深入分析了安平县土壤物理性质、pH、有机质、全氮、有效磷、速效钾、有效铁、有效锰等大、中、微量营养元素的现状和空间分布规律，探究该县耕地土壤性质的时空演变规律；综合灌溉能力、排水能力、农田林网化、生物多样性、清洁程度、障碍因素、盐渍化程度、耕层厚度、土壤有机质、有效磷、速效钾、pH、容重等指标对耕地质量等级进行了综合评价；根据河北省耕地等级划分标准，明确了安平县各乡镇等级耕地的空间分布、面积及其所占耕地的比例，揭示了不同等级耕地的基本特性，并针对其存在的障碍因素提出了合理利用措施；结合该县的耕地质量和养分分布现状，调查农业生产中主要作物农民的施肥习惯、种植模式及施肥量等，分析了该县主要粮食作物（小麦和玉米）的施肥种类、施肥方式和施肥量，并对该县主要施肥方式的肥料特性及施肥方式进行深入分析，提出主要种植作物小麦、玉米、白山药和苹果等的施肥指标体系和施肥建议；通过对田间试验和相关资料的总结分析，明确各种耕地质量提升技术模式的作用效果及关键技术要点，提出了几种适用于安平县化肥减量增效与耕地质量提升的技术模式。这为今后安平县在农业生产中实现科学合理管理土壤养分、制订合理施肥技术方案、提高耕地质量、改善农产品产量和品质提供了科学依据。

前　言

　　耕地是农业发展之基、农民安身之本，也是乡村振兴的物质基础。习近平总书记明确指出："耕地是我国最为宝贵的资源。我国人多地少的基本国情，决定了我们必须把关系十几亿人吃饭大事的耕地保护好，绝不能有闪失。""要实行最严格的耕地保护制度……像保护大熊猫一样保护耕地。""耕地保护要求要非常明确，18亿亩耕地必须实至名归，农田就是农田，而且必须是良田。"李克强总理也强调："要坚持耕地数量与质量并重，严格划定永久基本农田，严格实行特殊保护，扎紧耕地保护的'篱笆'，筑牢国家粮食安全的基石。"加强耕地保护的前提是保证耕地数量的稳定，更重要的是通过耕地质量评价为耕地"体检"，摸清质量家底，有针对性地开展耕地质量保护和培育，使耕地内在质量得到改善，产出能力得以提升。

　　农业部（2018年3月更名为农业农村部）2005年开始实施测土配方施肥项目，安平县作为首批全国测土配方施肥补贴项目试点县之一，自2005年起对全县8个乡镇每年进行土壤样品采集，测试分析pH值、有机质、全氮、有效磷、速效钾、有效铁、有效锰、有效锌等20多项指标，基本摸清了全县耕地质量变化状况。而后国家提出耕地资源资产负债表和耕地质量监测、耕地质量调查评价工作，在县里布设国家、省级监测点，每年完成土壤样品采集和调查工作，测定大中微量养分含量。本书收集了安平县2007年以来所有农业项目的土壤养分测定结果、第二次土壤普查的土壤志、土壤图、国土三调图、行政区划图、耕地质量监测和调查报告、作物肥料利用率田间试验等数据、图件和文本等资料，进行了入户农户施肥调查。通过农户调查确定了当地主要农作物种植中农民使用的肥料种类、施肥方式、施肥强度、施肥量和施肥方式等，根据土壤养分供应、作物养分需求和肥料特性等提出该县小麦、玉米、白山药等主要作物的施肥指标体系和合理施肥建议；通过比对分析各种土壤养分 2009—2020 年的时空变化规律，并建立更新后的安平县耕地资源管理信息系统及更高作物产量水平的耕地质量等级评价，提出耕地质量提升的主要技术模式。

本书由安平县农业农村局、河北农业大学相关人员共同编写，在部分内容中融合了编写成员的多年实践和研究成果。第一章至第三章涉及的自然概况、耕地资源概况、农业和农村概况部分引自《安平县土壤志》《安平县统计年鉴》等材料，在此对提供资料的领导和科技人员表示感谢！在相关内容的实施过程中，河北农业大学、河北省农业技术推广总站、河北省耕地质量监测保护中心、衡水市农业农村局等单位的相关技术人员也给予了大力支持和帮助，在此表示谢意！最后，感谢国家重点研发计划（2021YFD190100308）、河北省重点研发计划（19226425D、22326401D 和 21326402D）、安平县耕地质量保护与提升、化肥减量增效项目、果菜有机肥替代化肥试点项目等的支持。

本书涉及土壤肥料、植物营养、耕保等多个学科，可供土壤、肥料、农学、植保、园艺、农业管理、农业技术推广、大专院校以及科研院所等部门的技术人员和广大师生阅读、参考。

由于写作时间仓促及作者学识水平所限，本书中的疏漏在所难免，敬请各级专家及读者提出宝贵意见和建议，有待于进一步修改和完善。

编著者

2022 年 5 月

目　　录

第一章 自然概况

一、地理位置与行政区划

（一）地理位置

安平县隶属于河北省衡水市，地处华北平原腹地，京津石三角中心，位于河北省中南部，属黑龙港低平原旱作区，地理坐标为东经 115°19′～115°40′，北纬 38°05′～38°21′。东接饶阳县，西邻深泽县，南、西南与深州市、辛集市毗邻，西北、北与安国市、博野县接壤，东北与蠡县为邻。北距首都北京市 250 km，距天津市 220 km，距雄安新区 100 km，西距省会石家庄市 91.2 km，东南距衡水市 70 km。京九、石黄高速从安平县境纵横交织，是南下北上、东出西联的"黄金十字交叉处"，区位优势明显。县境东西宽 32 km，南北长 29 km，总土地面积为 495.4 km²，农用地面积 3.67 万 hm²，耕地面积 3.17 万 hm²。

（二）行政区划

安平县现辖 5 镇 3 乡，分别为安平镇、南王庄镇（1998 年之前为南王庄乡）、马店镇（1998 年之前为马店乡）、大子文镇（2016 年之前为大子文乡）、东黄城镇（2016 年之前为东黄城乡）、大何庄乡（2013 年之前为何庄乡）、程油子乡和西两洼乡。全县共有 230 个行政村，总人口 33.33 万人，乡村人口 30.55 万人，乡村从业人员 15.06 万人。

二、自然气候与水文地质

（一）自然气候

安平县地处半干旱半湿润大陆性季风气候区，春季少雨多风，夏季高温多雨，秋季气候适中，冬季寒冷少雪，四季分明，干湿交替。日照和太阳辐射比较充裕，光照充足，气温较高，雨量适中，有利于土壤熟化和肥料分解。

1. 光能资源

（1）日照。全县多年（1981—2010 年）平均年日照时数为 2 342.5 h，占可照时数的 53.0%。全年日照时数最长和日照强度最大均在 5 月，平均为 241.1 h，最少为 12月，平均为 146.5 h。夏季阴雨天气较多，日照百分率也较低，7 月、8 月分别为 41% 和43%。2017 年年日照时数为 2 660.9 h，较常年 2 342.5 h 异常偏多 318.4 h。2018 年年日照时数为 2 538.5 h，较常年 2 342.5 h 偏多 196 h。2019 年年日照时数为 2 372.5 h，较常年 2 342.5 h 偏多 30 h。2009—2020 年安平县日照时数的年际变化见图 1-1。

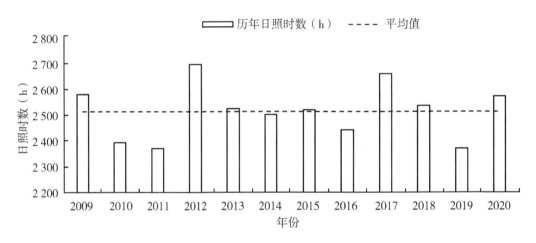

图 1-1 2009—2020 年安平县日照时数的年际变化

（来源：衡水市 2020 年气候公报）

（2）太阳辐射。全县多年平均年太阳辐射为 5 381.4 MJ/m²；其中 5 月、6 月最多，分别平均为 628 MJ/m² 和 628.4 MJ/m²；1 月最少，为 282.6 MJ/m²。

2. 热量资源

（1）气温。安平县 1981—2010 年多年平均气温为 13.1 ℃，各月平均气温 7 月最高，为 27 ℃；1 月最低，为 -3.2 ℃。历年极端最高气温为 41.8 ℃，出现在 2002 年 7月 15 日；最低气温为 -20.4 ℃，出现在 1985 年 12 月 8 日。2009—2020 年安平县多年温度变化见图 1-2。

（2）霜冻。全县初霜日平均在 10 月 17 日，最早出现在 10 月 3 日，最晚出现在 10月 31 日。终霜日平均在 4 月 2 日，最早出现在 3 月 17 日，最晚出现在 4 月 24 日。历年无霜期平均为 228 d。2017 年无霜期 238 d，初霜日 10 月 24 日（2016 年），终霜日 3月 4 日，年平均相对湿度 61%。2018 年无霜期 216 d，初霜日 10 月 29 日（2017 年），终霜日 3 月 9 日，年平均相对湿度 60%。2019 年无霜期 221 d，初霜日 10 月 12 日（2018 年），终霜日 3 月 4 日，年平均相对湿度 59%。

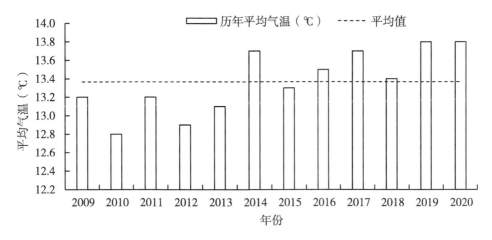

图 1-2　2009—2020 年安平县年平均温度的年际变化

（来源：衡水市 2020 年气候公报）

（3）界限温度。农作物生命活动的基本温度是农业界限温度，它表明某些重要物候现象或农事活动的开始、终止温度。

≥0 ℃。春季 0 ℃至秋季 0 ℃的时段即为"农耕期"，低于 0 ℃时越冬作物秋季停止生长；高于 0℃时农作物春季开始生长。全县稳定通过≥0 ℃初日平均 2 月 17 日，终日平均 12 月 1 日，平均间隔 287 d，累计积温平均 4 930 ℃。

≥3 ℃。日平均气温稳定通过≥3 ℃初日，冬小麦开始分蘖。全县初日平均 3 月 4 日，终日平均 11 月 19 日，平均间隔 262 d，累计积温平均 4 881.1 ℃。

≥5 ℃。日平均气温稳定通过≥5 ℃初日是冬小麦分蘖盛期的下限，多数树木开始萌动，也是蓖麻、向日葵等农作物播种的温度指标。≥5 ℃的持续天数称为作物生长期，全县日平均气温稳定通过≥5 ℃的初日平均 3 月 15 日，终日 11 月 12 日，平均间隔 243 d，累计积温 4 777.5 ℃。

≥10 ℃。日平均气温稳定通过≥10 ℃，中温作物和喜温作物开始播种，越冬作物和多年生木本植物开始活跃生长。秋季玉米灌浆基本停止，棉花品质与产量开始受到影响。全县初日平均 4 月 1 日，终日平均 10 月 29 日，平均间隔 214 d，累计积温 4 516.6 ℃。

≥15 ℃。日平均气温稳定通过≥15 ℃以后，喜温作物开始生长，棉花、花生等进入播种期，稳定通过 15 ℃终日为冬小麦适宜播种日期。全县日平均气温稳定通过≥15 ℃的初日平均 4 月 24 日，终日平均 10 月 7 日，平均间隔 167 d，累计积温平均 3 893.5 ℃。

≥20 ℃。日平均气温稳定通过 20 ℃是中、喜温作物光合作用最适宜温度范围的下限，也是玉米、高粱完全成熟的界限温度。全县≥20 ℃初日平均 5 月 19 日，终日平均

9 月 13 日，平均间隔天数 178 d，累计积温 2 924.6 ℃。

负积温。日平均气温低于 0 ℃ 的和称为负积温。负积温的多少和持续天数，表示一个地区冬季的寒冷程度和持续时间，它对冬小麦越冬有直接影响。全县≤0 ℃ 的初日平均 11 月 25 日，终日平均 2 月 20 日，平均间隔 85 d，累计负积温平均为−129.3 ℃。

（4）地温。地温分为地表温度和地中温度。地表温度直接影响农作物生长发育，地中温度则影响农作物的播种、发芽和出苗等。

地表温度。当地表温度降到 0 ℃ 或 0 ℃ 以下时，地表水汽开始凝结，称为霜或霜冻，农作物往往会受到危害。从广义上讲，一个地区的无霜冻日期就是这个地区农作物的生育期。

5 cm 地温。5 cm 地温是确定农作物播种期的主要参考指标。一般来讲，稳定通过 10～12 ℃ 是高粱、谷子、玉米等春播作物的播种指标，14～16℃ 则是棉花播种的适宜温度指标。

3. 水分资源

（1）降水。安平县属半干旱半湿润大陆性季风气候，由于受季风影响，降水量年内分配集中，年际变化很大。1981—2010 年全县 30 年平均降水量为 490.0 mm，大部分降水量集中在夏季 6—8 月，降水量为 326.3 mm，占全年降水量的 66.6%，年相对湿度 63.0%。年蒸发量1 643 mm，约为降水量的 3.36 倍。2017 年年降水量为 593.7 mm，较历年平均降水量 490.0 mm 偏多 103.7 mm。2018 年年降水量为 363.8 mm，较历年平均降水量 490.0 mm 偏少 126.2 mm。2019 年年降水量为 303.1 mm，较历年平均降水量 490.0 mm 偏少了 186.9 mm。2009—2020 年安平县年平均降水量的年际变化见图 1-3。

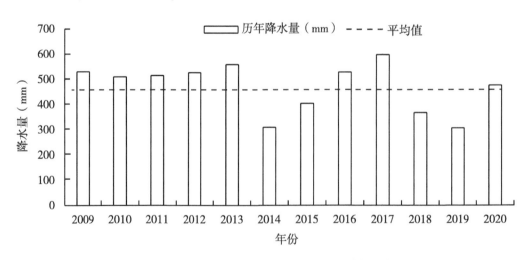

图 1-3　2009—2020 年安平县年平均降水量的年际变化

（来源：衡水市 2020 年气候公报）

（2）蒸发。全县多年平均蒸发量为 1 643 mm，一年中最大值出现在 6 月，次大值出现在 5 月，最小值出现在 12 月和 1 月，4—6 月是全年蒸发量最大的季节，占 46.7%。

4. 四季特征

（1）春季。随着太阳直射点北移，日照逐渐加强，故春季气温回升较快，降水较少，干燥多风，蒸发量大于降水量，春旱情况严重。虽然冷空气势力逐渐减弱，但冷空气活动仍比较频繁。

（2）夏季。受印度洋低气压控制，又因处于北太平洋副热带高气压带的西部边缘，常吹东南季风。受其影响，天气炎热潮湿，降水丰沛，为全年主要降水季节。

（3）秋季。随着太阳直射点南移，气温下降。北太平洋西部的副热带高气压带南退，降水逐渐减少，暑热消除，天高气爽。蒙古—西伯利亚高气压势力逐渐加强，遇冷空气南下，偶有连绵阴雨天气。

（4）冬季。在蒙古—西伯利亚冷高压控制下，常吹西北风。来自高纬度的极地大陆气团经常南下并控制本地，故冬季气候干燥寒冷，降水稀少。偶有大风天气。

5. 风能

全县常见风的发生情况，春季风速较大，12 月、1 月风速较小。1981—2010 年年平均风速为 2.0 m/s；最多风向为西南风。2017 年平均风速 2.1 m/s，年最大风速为 25.5 m/s，风向西北，出现在 7 月 10 日。2018 年平均风速 2.1 m/s，极大风速为 26.6 m/s，风向西，出现在 5 月 12 日。2019 年平均风速 2.0 m/s，极大风速为 19.7 m/s，风向西南，出现在 7 月 2 日。

6. 农业气象灾害

（1）旱、涝灾害。旱、涝灾害是影响安平县农业生产的主要灾害，其中旱灾最为突出，尤其是春季，影响农作物春播的正常进行，冬小麦的生长发育不得不完全依靠灌溉。伏旱和秋旱的发生频率仅次于春旱，造成秋粮减产。安平县历史上涝灾发生频率较高，但近年来基本上无大的洪灾发生。

（2）大风、冰雹。大风是安平县的主要气象灾害之一。春季大风占全年的 50%，秋季大风最少，大风的风向最多的是西南风，其次是东北风或西北风，大风灾害时常造成大面积的冬小麦倒伏、果树落叶落果、树木与电杆折断、电力设施损坏、围墙倒塌、建筑物损坏。大风的灾害程度不一。冰雹也是安平县的主要农业气象灾害，降雹概率不大，成灾却相当严重，其特点是来势猛，毁坏力大。近几年来，程油子乡、马店镇、大何庄乡一带都曾遭遇冰雹。冰雹绝大多数伴随着大风暴雨同时出现，给农业生产和人民生活带来非常大的损失。

（3）干热风。干热风是指高温、低湿并伴有一定风力的灾害性天气，造成植物水分平衡失调，在短时间内给作物的发育和产量带来一定影响。

从气候条件看，全县无霜期较长，日照和太阳辐射比较充裕，积温较高，热量资源充沛，有利于作物轮作和倒茬，适合作物一年两熟或两年三熟。

（二）水文地质

安平县地处河北平原中部，属黑龙港流域，现代滹沱河由西向东，横穿安平县全境，流经大子文镇、东黄城镇、大何庄乡、马店镇、安平镇、程油子乡、西两洼乡7个乡镇，长 34.5 km。潴龙河绕北疆而过，经由马店镇的部分村庄，长 16.03 km，由于连年干旱无雨，除 1996 年一次大洪水外河流常年处于干枯状态。全县工业用水、农业生产用水、生活用水主要依靠地下水。1982 年监测地下水平均埋深 5～13 m，随着地下水开采量增加和旱情的逐年加重地下水位逐年下降，20 世纪 90 年代下降到 20 多米，目前全县平均静水位为 32～36 m。含水层赋存于第四纪地层中，并多承压水特征出现，含水层自西向东逐渐变薄，砂性由粗变细。根据埋藏条件、地质结构和分布特点，可划分为 2 个含水组。第一含水组，底板埋深 50～75 m，单位涌水量 6～10 t/m；第二含水组，底板埋深 180～250 m，单位涌水量 10～15 t/m。距地表 15～25 m 潜水含水层受大地降水直接影响，变化幅度甚大（年变化幅度 3～6 m）。

安平县地下水属全淡水区，地下水质良好，矿化度大部分在 2 g/L，大于 2 g/L 的微咸水区仅有 33 km²，分布在西两洼乡南部、南王庄镇南部，储量不足 1 000 万 m³，占全县总面积的 6.7%。农田灌溉、工业用水、生活用水等主要靠地下水。地下水可用水资源量为 7 950 万 m³，而每年需水量为 12 000 万～13 000 万 m³，供需差别较大，供需矛盾十分突出。1979 年全县地下水开采量为 12 112.1 万 m³，1980 年为 13 029.5 万 m³，2000 年为 11 020 万 m³，2007 年为 14 455 万 m³。2017 年全县深层地下水年允许开采量 1 768.4 万 m³；2018 年深层地下水供水量为 2 020 万 m³，占地下水供水总量的 27.2%，浅层地下水供水量为 5 406 万 m³，占地下水总供水量的 72.8%；2019 年地下水供水总量为 7 150 万 m³，其中深层地下水供水量为 1 054 万 m³，占地下水供水总量的 14.74%，浅层地下水供水量为 6 096 万 m³，占地下水总供水量的 85.26%。

全县自然降水不多，年平均降水量为 490 mm，且大部分雨量集中在夏季 6—8 月，降水 326.3 mm，占全年降水量的 66.6%，年蒸发量 1 643 mm，是降水量的 3.35 倍。由于近年来旱象日趋严重，滹沱河干枯无水，渠水贫乏，大气降水补给地下水不足，开采量逐年增加，造成地下水位急剧下降，出现了漏斗。

三、地形地貌

安平县区域地质构造属华北断拗带，地处太行山前冲积扇前缘。境内多为滹沱河冲积平原，西北部边缘地区有潴龙河沉积物，其沉积物皆属第四纪沉积物。全县地势平缓，略显西高东低，平均坡降为1/3 250。海拔最高 31.5 m，最低 18.5 m。滹沱河自西向东流经全县，曲度小，西部河谷宽为 300～500 m，东部河谷宽为 200～300 m，谷深2～4 m。

第二章　耕地资源概况

第一节　耕地资源的立地条件

一、地形地貌特点及分类

安平县地处太行山前冲积扇前缘，境内多为滹沱河冲积平原。地势平坦，略显西高东低，平均坡降为1/3 250。海拔最高31.5 m，最低18.5 m。由于历史上滹沱河变迁无常，南北滚动，纵横荡决，多支分流，故形成境内一些微地貌类型。

1. 岗地

清嘉庆年间，滹沱河南移，在县南部的马江村、伍新村、敬思村、刘营一带形成断续的缓岗，海拔高程30 m，相对高差1 m。县城中部的现代滹沱河河岸，由于泥沙大量沉积，形成了河漕高地，沿河边东南向分布，海拔高程27 m。

2. 洼地

东两洼、西两洼是现代滹沱河和滹沱河故道间的洼地。大何庄乡的崔岭洼地，西两洼乡的东里屯、程油子乡周刘庄一带的洼地，系现代滹沱河、潴龙河的河间洼地。各洼地多呈零星封闭、浅平型，洼地中心海拔20 m。

3. 河漫滩

滹沱河在境内为半地上河，河床浅平开阔，没有明显的河身，整个河边形成河漫滩。

二、成土母质类型及特征

成土母质是土壤形成的物质基础。母质因素在土壤形成上具有极重要的作用，它直接影响土壤的矿物质组成和土壤颗粒组成，并在很大程度上支配着土壤物理、化学性质以及土壤生产力的高低。安平县土壤的形成受河流的影响较大，成土母质主要是河流冲积而成的。由于河流冲积物在数量上的差异及外界因素的影响，形成了土壤的差异，靠近西部有少量的冲积洪积物。土层深厚，冲积层次明显，表层质地以砂壤、轻壤质沉积物为主，土壤颜色发灰，富含云母。西南部、中南部、中部由于历史上滹沱河河水多次纵横频繁改道，新老古河道呈网状交错分布，造成大部分土壤垂直排列复杂，夹沙、夹黏、均体、漏沙底壤、蒙金等变化多样，故土壤质地多变。西北部以潴龙河沉积物为主，质地较粗，土层排列简单，以均体型为主，土壤以砂质和砂壤土为主。全县土壤共分为潮土、风砂土2个土类，3个亚类，6个土属，22个土种。潮土面积最大，占全县土壤总面积的98.16%，土壤质地多属壤土，占土壤总面积的66%。

安平县土壤的形成与分布主要受2条较大河流（滹沱河、潴龙河）的影响，西南部滹沱河故道以西北—东南流向经安平县的石干、南王庄、南王宋，深县的唐奉、饶阳的小堤，与武强县漳河汇合，上游带来的大量泥沙在此沉积，以砂壤、轻壤质沉积物为主。中南部滹沱河故道以西南—东北流向经安平县子文、黄城、城关、胡林、毛庄一带大量沉积，以轻壤质沉积物为主。此地带土壤垂直排列极为复杂。中部主要受现代滹沱河的影响，近百年来滹沱河多次泛滥，大量泥沙在沿河一带沉积，使沿河两岸及河漫滩沉积大量砂质、砂壤质沉积物，均为漏型土壤。北部马店、刘口、苏村等地的部分村庄，由于靠近潴龙河，故土壤形成既受滹沱河影响，又受潴龙河影响，历史上多次决口，洪水泛滥，在北郭村、许庄、什伍村一带形成了较大的扇形地，沉积物质较粗，以砂质和砂壤质为主。又由于潴龙河只是河水泛滥不改道，每次沉积的物质较为均一，故多为均体型土壤。

三、水资源分布特征

（一）河流水系

安平县地处河北平原中部，属黑龙港流域，流经境内的有滹沱河、潴龙河、小白河、京堂河、天平沟5条河流。

1. 滹沱河

滹沱河为海河流域子牙河水系最大支流，发源于山西省繁峙县泰戏山孤山村一带，流经代县、原平市及沂定盆地之后，在孟县活川口下游流入平山县，在小觉以下注入岗南水库。出岗南水库后先后有峪口河、阳武河、云中河、牧马河、清水河、龙华河、险隘河、冶河等汇入，之后进入黄壁庄水库。出水库后又有松阳河、小青河、汊河及周汗河4条浅山丘陵及平原支流河道汇入。滹沱河从发源地到献县子牙河入口处全长587 km，流域面积2.73万 m^2。历史上滹沱河在河北省平原地区无固定河床，现代滹沱河由西向东横穿安平县全境，流经大子文镇、东黄城镇、大何庄乡、马店镇、安平镇、程油子乡、西两洼乡7个乡镇。全长34.5 km，主河槽宽度为300～700 m，行洪河道总面积76.2 km²，河道纵坡为1/4 000，土质为砂壤质且多年断流，河道左右岸分置滹沱河南、北大堤，其最大行洪能力为 4 000 m³/s。

2. 潴龙河

潴龙河为海河流域大清河系，是大清河南支最大的行洪河道，上游有沙河、磁河和孟良河 3 条支流河道，在北郭村处汇流后成为潴龙河，经安国、安平、博野至高阳县博士庄向北，过高（高阳）任（任丘）公路入马棚淀，在任丘小关处入白洋淀。河道全长 75.2 km，总流域面积 9 430 km²。潴龙河绕北疆而过，在安平境内长度为 16.03 km，由北郭入境，从西往东经南岸的北郭村、什伍村、周庄、马庄、柏林、赵院、西长堤、东长堤、王六市、南白沙庄、北白沙庄入博野县境内。北岸经安国市南程各庄进入安平县南白沙庄、北白沙庄进入博野县境。安平县流域面积 7.9 km²，最大行洪能力为 3 000 m³/s，为白洋淀补水河道。

3. 小白河

小白河位于清南地区（子牙河、潴龙河、大清河之间的平原地区）西北部，是清南骨干排沥河道之一。小白河是潴龙河和滹沱河之间的一条主要排水渠道。位于保定与沧州的边界地带，全长 50 km，流域面积 1 705 km²。历史上滹沱河无左堤（北堤），汛期洪水向北自由泛滥，形成东西 2 条较大支流，西支称为西支子，东支即为小白河。在多年洪泛过程中，小白河仅剩浅平的沟形。中华人民共和国成立后，顺自然流势，利用部分自然沟道，对小白河进行多次开挖、疏浚。小白河流经深泽、安国、安平、蠡县、高阳、肃宁、河间等县、市境，到任丘境北沿白洋淀东侧入北流，经东入文安注。小白河由西向东穿过安平县北部，在安平境内（北郭村—秦王庄村）全长 12.4 km。胜利渠（在马店镇王六市村、西接小白河，东至程油子乡南寨村，流入张寨分干，全长 7.0 km）、张寨分干（西从张寨村起，东至大豆口村，注入张岗排干，全长 3.6 km）、张岗排干（西从大豆口村起，东至程油子乡中佐村，从中佐村流入饶阳县，安平境内全长 3.6 km）均为小白河系。

4. 京堂河

京堂河起源于深州市和乐寺，经深州市、安平县汇入饶阳留楚排干后，入滏阳河。京堂河分为京堂河北支（北分干）和京堂河南支（南分干）2 条河道，均为留楚排干上游的分支排沥河道。渠道总长 57.74 km，渠道总汇水控制面积 215 km²。京堂河河道地势低洼，且汇总支渠较少，主要为自然地面坡度排水。京堂河北分干起源于安平县大子文镇的崔安铺，自西向东流经大子文镇、东黄城镇、安平镇、西两洼乡 4 个乡镇，由西两洼乡的前铺村入饶阳县境。安平境内渠道总长 27.55 km，渠道汇水控制面积 140 km²。京堂南分干起源于南王庄镇的东河疃村，跨安平县、深州市、饶阳县，渠道总长 31.29 km，在安平境内自西向东流经南王庄镇、东黄城镇、安平镇、西两洼乡 4

个乡镇，其间 2 次入深州市境，由西两洼乡邓家庄村入饶阳境内。

5. 天平沟

天平沟地处滹滏区间中北部子牙河流域滏阳河系，属海河流域。原为滹沱河故道，是滹滏区间的骨干排沥河道之一，控制排涝总面积 1 120 km²。天平沟周大转主干上接辛集市天平沟仁慈至马疃河、王山口至北里厢 2 个分支，由安平县周大转村转入衡水市安平县境，往东至张刘乡进入深州市，由武强县小范镇入滏阳河，衡水市境内河道总长 67 km，安平段渠道长 7.4 km，除渠首有南王庄干渠汇入外，天平沟安平境内无大的支渠汇入。

（二）地表水

1. 自产水量

根据衡水市水文局提供的 1951—2005 年降水资料分析，平均年降水量为 482 mm，最大年份 1985 年降水量为 832.1 mm，最小年份 1965 年降水量为 205 mm，$P=50\%$ 年降水量为 470.9 mm，$P=75\%$ 年降水量为 348.3 mm，有效降水量为 1.08 亿 m³。除去蒸发、作物吸收、入渗，形成的径流多年平均值为 663.76 万 m³。1956—1996 年平均径流深度为 13.5 mm。平水年自产径流量为 384.54 万 m³，偏枯年自产径流为 59.16 万 m³。根据气象部门统计，1981—2010 年全县 30 年平均降水量为 490.0 mm，2019 年全县年降水总量为 593.4 mm，径流深度为 4.5 mm，年自产径流总量为 220.7 万 m³。

2. 客水量

外县流入安平县和安平县流往外县径流量很小，基本上能相互抵消。从河道径流看，滹沱河过境流量年平均值为 6 166 万 m³，偏枯年过境径流为零。潴龙河过境流量年平均值为 2.28 亿 m³，平水年为 9 580 万 m³，偏枯年为 1 600 万 m³。全县的 12 条骨干渠道全长 101.65 km。2014—2021 年安平县连续实施地下水超采综合治理项目，2017 年春灌引水 82.9 万 m³；2018 年春灌引水 518 万 m³，生态引水 608.5 万 m³；2019 年春灌引水 447.2 万 m³，生态引水 600.1 万 m³；2020 年春灌引水 611.7 万 m³，生态引水 397.8 万 m³；2021 年春灌引水 519.9 万 m³。

（三）地下水

1. 地下水资源

安平县地下水属全淡水区，境内地下水有浅层淡水（底板埋深 75 m 以上）和深层淡水。浅层淡水分布面积为 460.7 km²，占全县分布面积的 93.3%，多年平均水资源量为 7 950.4 万 m³，平水年为 7 050.6 万 m³，偏枯年为 5 660.5 万 m³；微咸水（矿化度

3～5 g/L）面积为32.3 km²，占全县总面积的6.5%，资源量为950万m³，可全部用于咸淡混浇。2017年，全县水资源总量3 932.3万m³，人均水资源量117.0 m³，每亩（1亩≈667 m²，全书同）平均水资源量92.76 m³；2018年全县水资源总量4 573.1万m³，人均水资源量为136.9 m³；每亩平均用水量96.2 m³；2019年人均水资源量为135.8 m³，每亩平均水资源量92.8 m³。

2. 浅层地下水分布

地下水全淡区主要分布在马店镇、大何庄乡，矿化度小于1 g/L。这些地区浅层淡水比较发育，30 m内砂层厚度5～7 m，以粉砂、细砂为主，富水性较好；40～100 m以内砂层以中粗砂为主，含有小砾石，含水层厚度10～20 m，单位涌水量10～15 t/（h·m）。东黄城镇、安平镇、程油子乡、大子文镇大部浅淡水不发育，砂层厚度在3～10 m，以粉砂为主，富水性较差，主要开采在80～150 m，这些地区由于浅层淡水埋藏较深，补给条件差，加之超量开采，引起水位下降较多，单位涌水量为8～12 t/（h·m）。微咸水主要分布在西两洼乡南部和南王庄镇南部，开采层在120～150 m，砂层厚度一般在3～5 m，以粉砂、中细砂为主，富水性较差，单位涌水量为5～8 t/（h·m）。

3. 地下水开采情况

全县2005年用水总量1.235亿m³，全部为地下水。浅层地下水开采量1.17亿m³，地下水的水位平均每年下降1～2 m，西两洼乡南部7月最大水位埋深达到49.8 m。2017年全县深层地下水年允许开采量1 768.4万m³，矿化度小于2 g/L的淡水面积463 km²，农田灌溉、工业用水、生活用水等主要靠地下水。2018年全县供水总量9 196万m³，比2017年供水总量减少488万m³，其中地下水供水总量为7 426万m³，地表水源供水总量为1 770万m³。在地下水供水中，深层地下水供水量为2 020万m³，占地下水供水总量的27.2%，浅层地下水供水量为5 406 m³，占地下水总供水量的72.8%。2019年全县供水总量为10 638万m³，比2018年总供水量9 196万m³增加1 442万m³，其中地下水供水总量为7 150万m³，比2018年地下水供水量减少276万m³，地表水供水总量为2 046万m³，中水回用1 442万m³。在地下水供水量中，深层地下水供水量为1 054万m³，占地下水供水总量的14.7%，浅层地下水供水量为6 096万m³，占地下水总供水量的85.3%。

第二节　耕地资源现状

一、土壤类型及分布

安平县土壤因受古代、现代河流所制约，土壤分布既有一定的规律性，又极其复杂，在农业生产上差异显著。

安平县土壤的形成与分布主要受 2 条较大河流的影响，西南部原在汉、三国时期滹沱河故道以西北东南向经安平县的石干、王庄、王宋一带，深县的唐奉、饶阳的小堤于武强县漳河汇合，上游带来的大量泥沙在此地带沉积，以砂壤、轻壤质沉积物为主。中南部原在清朝嘉庆年间，滹沱河故道以西南东北向经安平县的大子文镇、东黄城镇、安平镇、胡林、毛庄一带大量沉积，以轻壤质沉积物为主。此地带土壤垂直排列极为复杂。中部主要受现代滹沱河的影响，近百年来滹沱河多次泛滥，特别是 1917 年、1939 年、1956 年、1963 年、1996 年几次特大洪水，大量泥沙在沿河一带沉积，使沿河两岸及河漫滩沉积大量砂质、砂壤质沉积物，均为漏型土壤。北部包括马店、刘口、苏村等部分村庄，由于靠近潴龙河，故土壤形成既受滹沱河影响，又受潴龙河影响，马店镇的北郭村与安国县的军铣相挨，古滋、沙、唐三河在此相汇，入潴龙河，河系三叉河口处，历史上多次决口，洪水泛滥，在北郭村、许庄、什伍村一带形成了较大的扇形地，沉积物质较粗，以砂质和砂壤质为主。又由于潴龙河只是河水泛滥不改道，具有"铜帮铁底"运粮河之称，每次沉积的物质较为均一，故多为均体型土壤。

总的来说，现代河流沿岸及滹沱河故道附近多为砂质和砂壤质沉积物，远离河流、故道的土壤，质地由粗变细，逐步过渡，在河间洼地多分布着质地较细的中壤质或黏质沉积物，有一定的沉积规律。由于历史上滹沱河在安平县多次翻滚改道，分流冲沟交叉重叠，致使全县河间洼地并不是与故道或河流平行呈带状分布，而多呈散乱的浅平碟状分布，加之紧沙漫淤，高粗洼细的沉积规律，造成全县土壤类型分布相当复杂，有一部分呈复区分布。

按全国第二次土壤普查分类系统，安平县耕地共分潮土、风砂土 2 个土类，潮土、褐土化潮土、风砂土 3 个亚类，砂质潮土、砂壤质潮土、壤质潮土（潮土亚类）、黏质潮土、壤质潮土（褐土化潮土亚类）、半固定风砂土 6 个土属及 22 个土种。

（一）砂质潮土

砂质潮土系现代潴龙河、滹沱河及其故道主流冲积物，水流急速的决口附近也有大量沉积，包括砂质潮土、砂质体壤潮土、砂质小蒙金潮土、砂质底壤潮土 4 个土种。土壤面积 3 662.98 hm²，占土壤总面积的 9.5%。主要分布在程油子乡、袁营、大子文镇一带。

（二）砂壤质潮土

砂壤质潮土包括砂壤质潮土、砂壤质底壤潮土、砂壤质蒙金潮土、砂壤质小蒙金潮土、砂壤质底黏潮土 5 个土种。土壤面积 9 886.98 hm²，占土壤总面积的 25.7%。主要分布在察罗、刘吉口、南苏村、东里屯、南王庄一带。

（三）壤质潮土（潮土亚类）

潮土亚类中的壤质潮土包括轻壤质潮土、轻壤质蒙金潮土、轻壤质底黏潮土、轻壤质漏砂潮土、轻壤质腰砂潮土，轻壤质底砂潮土、中壤质潮土、中壤质腰砂潮土、中壤质底砂潮土、中壤质漏砂潮土 10 个土种。土壤面积 24 119.31 hm²，占土壤总面积的 62.6%。全县均有分布。

（四）黏质潮土

黏质潮土仅有重壤质潮土 1 个土种。土壤面积 123.27 hm²，占土壤总面积的 0.3%。零星分布于大何庄、马店、刘吉口、张寨、袁营、西两洼一带。

（五）壤质潮土（褐土化潮土亚类）

褐土化潮土亚类中的壤质潮土仅有中壤质褐土化潮土 1 个土种，土壤面积 40.09 hm²，占土壤总面积的 0.1%。主要分布于张舍滹沱河故道决口处。

（六）半固定风沙土

半固定风沙土仅有半固定风沙土 1 个土种。土壤面积 707.65 hm²，占土壤总面积的 1.8%。主要分布在大子文镇的孙辽城、西辽城、南郝村、北郝村、西赵庄及东黄城镇一带。

二、耕地数量与变化

土地是一切生产和生存的源泉，是人类赖以生存的基地，是农业生产最基本的生产资料。但从中华人民共和国成立初期到现在，安平县耕地数量逐年减少，合理利用现有的土地资源变得尤为重要。

1949 年，全县有耕地 4.04 万 hm²，人口 172 063 人，人均耕地 0.23 hm²；1982 年，全国第二次土壤普查结果，总土地面积为 4.95 万 hm²，其中耕地面积 3.44 万 hm²，占总面积的 69.4%，人均耕地 0.13 hm²；1990 年，全县总土地面积为 4.95 万 hm²，其中耕地面积 3.65 万 hm²，占总面积的 73.8%，人均耕地 0.11 hm²；2007 年，全县总土地面积为 4.95 万 hm²，其中耕地面积 3.49 万 hm²，占总面积的 70.4%，人均耕地 0.109 hm²；2017 年，全县总土地面积为 4.95 万 hm²，其中耕地面积 3.18 万 hm²，占总面积的 64.2%；2019 年，全县总土地面积为 4.95 万 hm²，耕地面积 3.17 万 hm²，占总面积的 64.0%，其中农用地面积 3.67 万 hm²，人均耕地 0.095 hm²。

从总体看，全县耕地面积有所减少，由 1949 年的 4.04 万 hm² 减少到 2019 年的 3.17 万 hm²，减少 0.87 万 hm²；人均耕地由 0.23 hm² 减少到 0.095 hm²，减少 0.135 hm²。为此，加强耕地资源保护，保持占补平衡显得尤为重要。目前，安平县耕地分为基本农田保护区和一般农田区。基本农田保护区是全县农业用地的精华，禁止在基本农田保护区内发展果园或将农田改为其他非农业建设用地，严禁在农田保护区内挖坑、采沙、取土、堆放各种废弃物或排放污水污染农田，严禁各种破坏耕地致使地力下降的行为。一般农田区主要分布在安平县的中、北部，包括潴龙河、滹沱河、行洪区内的农田和规划期内规定开发、整理、复垦的全部土地。全县土地受洪涝灾害影响大，新开发复垦的耕地质量差，需要进行农业防灾工程建设和农业综合开发治理。因此，全县的土地利用重点是进行河坝加固，保护坝区内大片优质农田，制订落实土地开发、整理、复垦计划，实施综合开发，增加耕地面积。

三、耕地养分与演变

土壤养分含量的高低，以及它们之间的比例和供肥强度，与作物产量有密切关系。土壤养分是土壤肥力的重要组成部分，从某种意义上来讲，土壤养分状况决定着肥力状况，而土壤肥力又受人为耕种和自然条件的综合影响，反映在不同质地、不同土壤类型、不同地区有所差异。

2005 年，安平县被国家批准为首批全国测土配方施肥补贴资金项目试点县，多年来全县共采集耕层土壤样本 13 824 个，对有机质、全氮、有效磷、速效钾等进行了化验分析，摸清了全县土壤养分状况，为配方施肥提供了准确数据，为配方施肥技术推广提供了有力的科学技术支撑。

（一）有机质

土壤有机质是衡量土壤肥力的重要指标之一，它是土壤的重要组成部分，不仅是植物营养的重要来源，也是微生物生活和活动的能源。有机质中含有作物生长所需的各种养分，可直接或间接地为作物生长提供氮、磷、钾、钙、镁、硫和各种微量元素；影响和制约土壤结构形成及通气性、渗透性、缓冲性、交换性能和保水保肥性能，是评价耕地地力的重要指标；对耕作土壤来说，培肥的中心环节就是增施各种有机肥，实行秸秆还田，保持和提高土壤有机质含量。

依据河北省《耕地地力主要指标分级诊断》（DB 13/T 5406—2021）标准，1982 年全国土壤普查中，全县土壤有机质含量平均为 11.0 g/kg，变化幅度为 1～20 g/kg，以 4 级为主，占总耕地面积的 68.2%；5 级占 30.4%，6 级占 1.35%。由于增施有机肥、施用有机无机复混肥以及推广秸秆还田技术，安平县耕地土壤有机质含量有所增加。到

2007 年全县耕地土壤有机质平均含量为 16.4 g/kg，变化幅度为 2.2～43.5 g/kg，89.2%采样点有机质含量超过 10 g/kg。有机质含量虽仍多处于 4 级，但 2 级、3 级面积增加，5 级面积减少。到 2020 年全县耕地土壤有机质平均含量为 20.31 g/kg，变化幅度为 7.08～43.20 g/kg，有机质含量较 1982 年增加 9.31 g/kg，较 2007 年增加 3.91 g/kg。自 2009—2020 年，土壤有机质含量有明显提高，由 14.64 g/kg 提高到 20.31 g/kg，平均每年增加 0.47 g/kg，增加了 38.73%。

（二）全氮

氮素是作物生长所必需的三大要素之一。土壤中的氮素主要以有机态存在，约占土壤全氮量的 90%，而这些氮素主要以大分子化合物的形式存在于土壤有机质中，作物很难吸收利用，属迟效性氮肥。土壤中的全氮含量代表氮素的总储量和供氮潜力，因此全氮含量与有机质一样是土壤肥力的重要指标之一。

依据河北省《耕地地力主要指标分级诊断》（DB 13/T 5406—2021）标准，安平县土壤全氮含量自 1982 年以来发生了很大的变化。1982 年耕层全氮含量平均为 0.67 g/kg，变化幅度为 0.1～1.5 g/kg，以 5 级为主，占总耕地面积的 63.32%，4 级地占 20.67%，6 级地占 16.01%。到 2007 年，耕层土壤全氮含量平均为 0.95 g/kg，变化范围在 0.13～2.52 g/kg，其中 74.1%的面积含量大于 0.75 g/kg。耕层土壤全氮含量较 1982 年提高了一个级别，由以 5 级为主上升到以 3 级、4 级为主。自 2009—2020 年，土壤耕层全氮含量进一步提高，由 0.98 g/kg 提高到 1.28 g/kg，平均每年增加 0.025 g/kg，增加了 30.61%。

（三）有效磷

耕层土壤中的磷一般以无机磷和有机磷 2 种形态存在，通常有机磷占全磷量的 20%～50%，无机磷占全磷量的 50%～80%。磷酸根离子和有机形态磷中易矿化的部分被称为土壤有效磷，约占土壤总磷量的 10%。土壤有效磷含量是衡量土壤养分容量和强度水平的重要指标。

依据河北省《耕地地力主要指标分级诊断》（DB 13/T 5406—2021）标准，安平县土壤有效磷含量自 1982 年以来有很大变化。1982 年土壤有效磷平均含量为 4.8 mg/kg，5 级占总耕地面积的 43.6%，4 级占 29.6%，6 级占 22%，3 级占 4.8%。至 2007 年，土壤有效磷平均含量为 22.82 mg/kg。土壤有效磷含量普遍提高，由以 4 级、5 级为主上升到 2 级、3 级为主。3 级以上面积占总耕地的 74.6%，1 级面积 0.47 万 hm²，占总耕地的 13.6%，2 级面积 1.027 万 hm²，占总耕地的 29.4%，3 级面积 1.1 万 hm²，占总耕地的 31.6%，4 级面积 0.57 万 hm²，占总耕地的 16.4%。2009 年安平县土壤有效磷含量在 2.36～26.79 mg/kg，平均值为 14.17 mg/kg，2020 年安平县土壤耕层有效磷含量在 2.69～80.15 mg/kg，平均值为 13.73 mg/kg。2009—2020 年土壤有效磷均以 3 级和 4 级为主。

(四) 速效钾

土壤中的钾一般分为矿物态钾、缓效性钾和速效性钾 3 部分。速效钾包括被土壤胶体吸附的钾和土壤溶液中的钾，一般占全钾的 1%～2%，能在短期内被作物吸收。

依据河北省《耕地地力主要指标分级诊断》（DB 13/T 5406—2021）标准，安平县 1982 年土壤速效钾含量以 3 级为主，平均含量 130.2 mg/kg，3 级占总耕地面积的 53.4%，4 级占 25.8%，2 级占 12.64%，1 级占 6.6%，5 级占 1.57%。进入 20 世纪 90 年代后期，由于平衡施肥技术和秸秆还田推广，钾肥使用效果大力宣传，农田施用钾肥数量明显增加。但随着粮食产量的大幅度提高，作物对钾素的吸收也大幅度增加。实施测土配方施肥后，土壤速效钾含量发生了一些变化。耕层土壤速效钾含量平均为 152 mg/kg，全县变化范围 22～531 mg/kg，大部分在 4 级以上，4 级以上面积占总耕地面积的 96.4%。其中 1 级面积 0.74 万 hm²，占总耕地的 21.3%；2 级面积 0.707 万 hm²，占总耕地面积的 20.3%；3 级面积 0.753 万 hm²，占总耕地面积的 21.7%；4 级面积 1.153 万 hm²，占总耕地面积的 33.1%；5 级、6 级分别占 3.0% 和 0.6%。自 2009—2020 年，土壤耕层速效钾含量进一步提高，由 99.34 mg/kg 提高到 116.48 mg/kg，平均每年增加 1.43 mg/kg，增加了 17.25%。

第三节 农田基础设施

安平县农业基础设施得到了不断的改进和完善。在农田水利建设上，经过扩挖渠道、修筑堤防、平整土地、打井配套等措施，大大提高了防洪、排涝、抗旱等抵御自然灾害的能力。在农机、农电上，随着农业、农村改革的不断深入，全县进入了高速发展期。2020 年末，全县拥有机械总动力 401 273 kW，全县主要农作物机耕机播面积达到 100%。在农业生产上，农作物的耕、播、收等农作物机械化程度大幅提高。农村电力的发展，为农村工副业的发展提供了动力支持，成为农村经济快速发展的重要保障。

一、农田基础设施

安平县在 20 世纪六七十年代通过群众性的平整土地、深翻改土、精耕细作等土壤改良措施，使旱、涝、薄等得到了基本治理。近年来，通过实施高标农田、田间工程等农业项目，农田基础设施得到了很大程度的改善，全县土地基本形成了旱能浇、涝能排、机电配套、交通方便的林网方田。

(一) 土地平整

农业离不开土地，实现农业和农村现代化，必须重视农业的基础地位，重视土地的数量、质量和土地利用率、产出率。土地整理是对地块零碎、沟渠交错、路渠不配套的农地进行统一整理，是对地形高低不平、地类交叉的土地进行平整和利用结构的调整，是对利用不充分的上地，如空心村、闲散的农居点等进行综合整治。2005 年对徐张屯、长汝、朱庄、任庄、唐贝 5 个旧村基进行了清基，扩耕 488.13 hm²，扣除新村基占地 198.93 hm²，净增耕地 249.2 hm²。通过打井配套、安装防渗管道等措施把新增耕地改造成良田。

免耕技术和深耕（深松）技术均可以提升耕地地力，免耕技术需要利用特定机械（杜佳材 等，2020）在不破坏土壤结构的前提下施肥播种一次完成。深耕（深松）技术是保护性耕作技术，不需要年年深耕或深松，而是根据土壤的实际情况 2～3 年深耕或深松 1 次，深耕或深松的深度为 25～30 cm（白云刚，2019）。也可以通过精细整地，将麦田整理成小的畦田。大力推广畦田"三改"技术，即"长畦改短畦，宽畦改窄畦，大畦改小畦"。土壤质地偏砂的畦田小一些，土壤质地偏黏的畦田适当大一些。一般每亩地整理成畦块 10～14 个，畦宽 6～8 m 为宜，畦长 10～12 m，畦田埂高度 0.2～0.3 m，底宽 0.4 m 左右。

(二) 肥力建设

安平县 20 世纪 70 年代以前以圈肥、厩肥等农家肥为主，小麦每亩的产量为 50～100 kg。通过积造有机肥、高温堆肥、拆土坑、拆旧房、种植绿肥等形式，改良土壤、培肥地力。1982 年土壤化验结果显示安平县土壤为 4 级、5 级，土壤有机质 11.0 g/kg，碱解氮 44 mg/kg，有效磷 4.8 mg/kg，全县平均粮食产量 200 kg/亩。20 世纪 80 年代实行联产承包责任制后，充分调动了广大群众的生产积极性，通过采取秸秆还田，增施有机肥，种养结合发展绿肥生产，因地制宜、科学施肥、实行沃土工程、实施测土配方施肥等一系列培肥地力的措施，使全县土壤肥力有了明显提高。

自 2009—2020 年，土壤有机质、全氮、速效钾含量有明显提高，由 14.64 g/kg 提高到 20.31 g/kg，平均每年增加 0.47 g/kg，增加了 38.73%；土壤全氮由 0.98 g/kg 提高到 1.28 g/kg，平均每年增加 0.03 g/kg，增加了 30.61%；土壤有效磷含量变化不大，均以 3 级和 4 级为主；土壤速效钾由 99.34 mg/kg 提高到 116.48 mg/kg，平均每年增加 1.43 mg/kg，增加了 17.25%。近几年全县培肥地力采取的主要措施如下。

1. 推广秸秆还田、有机肥替代化肥技术，增加土壤有机质含量

20 世纪 90 年代后，开始推广秸秆还田技术，还田面积逐年增大，到 2020 年玉米秸秆还田面积达到 2.27 万 hm²，土壤肥力明显提高（龚静静 等，2018）。2018—2020 年推广有机肥替代化肥技术 0.29 万余 hm²，累计减少化肥用量 1 760 t，增施有机肥 3 520 t，提高了土壤有机质含量。

2. 种养结合，发展绿肥生产，提高土壤肥力

根据本县生产条件和土壤特点，适当扩大绿肥冬油菜、苜蓿的种植面积，种地养地相结合，改善土壤结构，成为提高土壤肥力的重要措施。

3. 因地制宜，科学施肥，提高肥料效率

通过 1982 年土壤普查，安平县土壤养分平均含量较低，土壤中缺磷少氮，氮、磷比例失调相当严重。针对生产中存在的问题，2004 年实施"沃土工程"项目，2005 至今实施"测土配方施肥项目""有机肥替代化肥项目""化肥减量增效项目"等，大力推广了测土配方施肥技术、制订作物配方施肥方案，指导农户按配方科学施肥，全县土壤有机质、全氮、速效钾等养分含量均有明显提高。

二、农田排灌系统设施

安平县农业生产条件较好，2006 年被省政府确定为扩权县之一，是全国商品粮基地、农村电气化达标县，也是河北省沃土工程项目示范县。全县辖 5 镇 3 乡，230 个行政村，总耕地面积 3.17 万 hm²。采取政府投资、实施农业项目等多种形式加快了农田水利建设的步伐，使农田基本条件得到根本改善。积极引进推广新技术、新机具，提高农机作业水平，农业生产条件、农村基础设施得到改善，实现了农业的机械化、水利化、电气化，使传统农业向科技型农业、现代化农业跨越，进而对农业产生了更强劲的推动。

1991 年全县有机井 5 444 眼，其中浅井（100 m 以内）3 879 眼，中井（100～150 m）431 眼，深井（150 m 以上）1 134 眼。1991 年后，因为连年干旱，地下水位持续下降，机井发展多以中、深井为主，逐渐淘汰浅井。到 2002 年，机井发展到 5 883 眼，其中浅井 1 970 眼，中井 2 953 眼，深井 960 眼。2004 年为 5 869 眼，2005 年和 2006 年为 5 909 眼，2007 年为 5 899 眼，全县最深的机井深 352 m。截至 2020 年，全县农业灌溉机井 9 650 眼，灌溉面积 3.17 万 hm²，平均每眼机井灌溉 3.28 hm²。

由于干旱和过量开采地下水，使全县水资源日益匮乏，严重影响农业生产的良性发展。为此，提出了以提高灌溉水、土壤水和降水利用率为中心，把传统灌溉技术与现代技术组装配套，工程节水与农艺节水技术相结合，针对不同区域的水资源特点和种植管理模式，形成一套较为完整的综合节水技术体系。从 1988 年开始大力推广地下防渗管道输水和"小白龙"（移动式软管）直接入畦与小畦灌溉组装配套技术模式，用"小白龙"与地下防渗管道出水口连接，直接引水到灌溉畦块。2014 年河北省实施地下水超采综合治理项目以来，2014—2015 年全县累计实施井灌区高效节水项目，为农田安装喷灌设施 0.727 万 hm²，2019 年实施高标农田建设项目 0.233 万 hm²，铺设防渗管道492.6 km，安装喷灌 83.33 hm²。自 2011—2020 年底，全县累计实施高标准农田建设项目共计 2.738 万 hm²，通过铺设防渗管道、安装喷灌设施等较大规模的农田水利基本建设，有效地改善农田基本条件，大大提高了农业综合生产能力和农田用水效率，节约了地下水资源。

安平县在历史上是旱、涝灾害严重地区之一。中华人民共和国成立以来，投入大量人力、物力、财力，挖河、筑堤、修渠、打井、建站、除害兴利，修建了大量水利工程。这些工程设施在防洪、除涝、抗旱、灌溉、生活及工业供水等方面发挥了重要作用。安平县流域面积在 200 km² 以上的行洪排涝河道有滹沱河、潴龙河、天平河、小白河。1951 年、1957 年 2 次对小白河进行较大规模的除涝工程治理，多次对潴龙河、滹沱河堤进行加固、对河道进行清障。2018 年，在全县范围内开展河道清理行动，清理滹沱河垃圾 1.455 5 万 m³，拆除违建 8 处，树障 4 处，采沙坑 5 处，清理潴龙河垃圾2.169 万 m³。实施地下水超采综合治理河湖地下水回补项目，投资 625 万元，在滹沱河主漕（深安界—新营桥）段挖导流槽 17 km，在彭营、南马线、西满正、特大桥下、北会沃、高家佐及郑北线建设临时涵管桥 7 处。2019 年，实施滹沱河安平县（西李庄—南新营）段生态治理工程，平整导流槽两侧地面 16.4 km，清理树根 1.5 万棵，垃圾3 000 m³，完成 7 座涵管桥修建及混凝土护坡，发挥了显著的防洪除涝效益。同时，兴建了石津灌渠工程，2019 年共计引水 447 万 m³，灌溉农田 0.333 万 hm²。

三、农田配套系统设施

（一）农业机械

到 2007 年底，全县农业机械总动力 439 179 kW，其中大中型拖拉机 680 台，总动力 31 280 kW；小型拖拉机 10 100 台，总动力 131 300 kW；农用排灌动力机械 7 783 台，总动力 65 200 kW；农用水泵 6 727 台；联合收割机 555 台，总动力 29 824 kW；机动喷雾（粉）机 228 台，总动力 942 kW；农副产品加工机械动力 17 420 kW；农用运输车10 588 辆，总动力 159 691 kW；其他农用机械动力 3 522 kW。2007 年，机耕面积34 627 hm²，机械化收获面积 22 000 hm²，小麦在耕作、播种、收获环节上实现了机械化；玉米在耕作、播种环节基本上实现了机械化。2020 年末，全县拥有机械总动力

401 273 kW，其中拥有大中型拖拉机 1 579 台，比 2007 年增加 899 台；小型拖拉机 8 441 台，比 2007 年减少 1 659 台；农用排灌动力机械农用水泵 9 650 台，比 2007 年增加 2 923 台；联合收割机 1 501 台，比 2007 年增加 946 台；机械化播种面积 39 108.8 hm²，较 2007 年减少 4 224.2 hm²；机械化收获面积 37 023.3 hm²，比 2007 年增加 15 023.3 hm²。全县主要农作物机耕机播面积达到 100%。

全县农业机械化水平的不断提高，促进了农业和农村经济的快速发展，同时也促进了农业机械新技术的广泛推广应用。全县农机的快速发展，保持了农机机构系统的稳定性和连续性，完善了农机管理、供应、修理、教育培训、科研推广和生产制造体系。

（二）农村电力

近几年，安平县农村电力发展很快，促进了全县农村工农业的快速发展。据统计，2007 年全县农村通电率达到 100%，农业人口人均年用电量 1 569 kW·h。2007 年全县电力排灌面积 30 449 hm²，农村供电所达到 10 个。全县有高压线路 1 390.59 km，低压线路 1 865 km。全县 35 kV 变电站 13 座，10 kV 配电变压器 5 636 台，容量合计为 546 284 kV。农村用电量为 24 040 万 kW·h，农业用电量为 16 321 万 kW·h。2017 年农村用电量为 27 866 万 kW·h，农用机械总动力为 371 651 kW。2018 年农村用电量为 28 011 万 kW·h，农用机械总动力为 387 773.37 kW。

（三）交通状况

安平县公路四通八达，交通运输条件十分便利。县委、县政府对公路建设日益重视，不断发展公路建设，由线到网，由乡间土路发展到沥青、混凝土公路，村村通工程已辐射至 230 个行政村。现有正港、保衡 2 条省级公路，里程 50.26 km，新建国道 G338 肃临线至石衡界安平段，全长 22.17 km。2019 年，养护省干线公路里程 50.36 km；养护农村公路 711 km，其中县道 34 km，乡道 458 km，村道 219 km。逐步形成了省道、县道和乡村公路组成的公路网，为农业生产和经济发展提供了便利条件。

第三章 农业和农村概况

第一节 农业总产值和农民人均收入

一、农业总产值

据 2007 年农业统计资料，全县耕地面积 3.49 万 hm^2，农业人口人均耕地 0.125 hm^2，其中南王庄镇人均耕地最多，为 0.159 hm^2，安平镇人均耕地最少，仅为 0.113 hm^2。农作物播种面积 4.76 万 hm^2，其中粮食作物总播种面积 4.1 万 hm^2，平均单产 361.4 kg/亩，总产量 222 194 t。其中小麦面积 2.12 万 hm^2，平均单产 367.6 kg/亩，总产 116 808 t；玉米面积 1.82 万 hm^2，平均单产 368.6 kg/亩，总产 100 716 t；油料作物面积 0.393 万 hm^2，平均单产 181.3 kg/亩，总产 10 624 t；棉花面积 0.273 万 hm^2，平均单产 69.6 kg/亩，总产 2 837 t。

根据安平农业统计资料，2007 年全县农业总产值（农林牧渔业）140 615 万元，其中农业产值 59 545 万元，占农业总产值的 42.3%；畜牧业产值 75 670 万元，占农业总产值的 53.8%；林业产值 252 万元，占农业总产值的 0.1%；其他产业收入占 3.8%。2007 年全县农业总产值比 2006 年同期增长 9.0%，比 1978 年增长 2.3 倍，其中牧业产值比 1978 年增长 110 倍。

2017 年，全县农牧渔业总产值 287 731 万元，增长 0.92%，农业产值 77 508 万元，增长 4.46%；林业产值 3 385 万元，下降 2.07%，牧业产值 175 864 万元，下降 0.27%；渔业产值 207 万元，下降 0.48%，农林牧渔业服务业产值 30 767 万元，增长 0.03%。2018 年，全县农牧渔业总产值完成 249 133 万元，同比下降 0.36%，农业产值 81 678 万元，同比增长 9.39%；林业产值 4 436 万元，同比增长 3.73%，牧业产值 136 905 万元，同比下降 5.87%；渔业产值 248 万元，同比下降 1.21%。

2019 年，全县农牧渔业总产值 283 881 万元，同比下降 3.7%，农业产值 95 319 万元，同比增长 25.66%；林业产值 6 761 万元，同比增长 43.65%，牧业产值 155 851 万元，同比下降 20.96%；渔业产值 168 万元，同比下降 34.69%，农林牧渔业服务业产值 25 782 万元，总比下降 1.62%。2019 年农牧渔业总产值比 2007 年增加

143 266 万元，比 2007 年增长 1.02 倍，其中农业产值比 2007 年增长 0.6 倍，牧业产值比 2007 年增长 1.06 倍。

近年来，全县以农业增产、农民增收为重点，围绕发展壮大畜牧、特色农业，积极推进农业产业化进程，确保了农业经济稳步发展。种植业结构进一步调整，畜牧业稳步健康发展，全县农村经济发展取得了巨大成就。

二、农民人均收入

安平县农业生产历史悠久，长期以来，其经济一直以农业为主，农业以种植业为主，农民收入也以农业为主。随着社会的发展，农民收入不再以农业为主，以丝网为支柱产业的民营经济、特色经济繁荣发展，农民收入结构得到优化，农民人均纯收入呈持续增长态势。

2007 年粮食总产量达到 222 194 t，农业总产值已达到 140 615 万元，分别是 1949 年的 7.1 倍和 48 倍。农民人均纯收入由 2005 年 4 120 元增加到 2007 年 4 416 元。2017 年末总人口 33.6 万人，其中城镇人口 12.4 万人，乡村人口 21.2 万人，城镇居民人均可支配收入 26 191 元，同比增长 9.7%；农村居民人均可支配收入 14 237 万元，同比增长 9.8%。2018 年末总人口达到 33.7 万人，城镇居民人均可支配收入 28 600 元，同比增长 9.2%；农村居民人均可支配收入 15 703 万元，同比增长 10.3%。2019 年末全县总人口达到 33.7 万人，全县城镇居民可支配收入达到 31 145 元，同比增长 8.9%；农村居民人均可支配收入 17 242 万元，同比增长 9.8%。

第二节　主要农作物种植面积与产量

安平县粮食作物种植历史悠久，通过调整农业种植结构，种植的主要作物有小麦、玉米、甘薯、谷子、高粱、花生、大豆等。全县以农业增产、农民增收为重点，发展特色农业。深入推广特色白山药、黑小麦、小杂粮等特色种植，调整种植业结构。加快园区建设，培育新型农业经营主体，积极推进农业产业化进程，确保了农业经济稳步发展。通过实施高标准农田建设、果菜有机肥替代化肥、地下水压采农业项目、测土配方施肥、高产创建、新型农民培育等项目，农田基础设施不断得到改善，农民的科技素质不断提高，粮食产量连年增收。

2007 年，全县粮食作物面积 4.1 万 hm²，占农作物播种面积的 86.1%，平均产量 361.4 kg/亩，总产量达到 222 194 t，分别是 1978 年的 2.3 倍和 2.16 倍。主要农作物小麦 1987 年进入高产序列以后，保持持续增产，2007 年全县小麦播种面积 2.12 万 hm²，平均产量 367.6 kg/亩，是 1978 年的 2.2 倍，2007 年玉米播种面积 1.82 万 hm²，平均产量 368.7 kg/亩，是 1978 年的 2.2 倍。2007 年油料作物播种面积 0.387 万 hm²，平均产量 181.3 kg/亩，是 1978 年的 2.4 倍。2007 年棉花播种面积 0.273 万 hm²，平均产量 69.6 kg/亩，是 1978 年的 4.5 倍。2007 年花生播种面积 0.393 万 hm²，平均产量 181.3 kg/亩，是 1978 年的 1.6 倍。2007 年大豆播种面积 0.4 万 hm²，平均产量 132 kg/亩，是 1978 年的 1.2 倍。

2014 年为减少地下水超采，河北省实施地下水综合治理农业项目，安平县开始实施地下水超采种植结构调整（季节性休耕）项目，小麦种植面积大幅度减少。2014—2020 年全县累计实施地下水超采季节性休耕项目 5.627 万 hm²，小麦种植面积累计减少 5.627 万 hm²。

2017 年实施地下水超采耕地季节性休耕项目 0.9 万 hm²，压减小麦种植面积 0.9 万 hm²。2017 年，全年粮食播种面积 3.573 万 hm²，平均粮食单产 383.3 kg/亩，总产 205 368 t，同比增长 1.46%。其中，小麦播种面积 1.305 万 hm²，总产 83 943 t；玉米播种面积 2.132 万 hm²，总产 117 143 t；油料播种面积 0.292 万 hm²，平均单产 208.4 kg/亩，总产量 9 128 t；蔬菜种植面积 0.269 万 hm²，平均单产 3 176.47 kg/亩，总产 12.840 9 万 t；瓜果类种植面积 0.022 万 hm²，平均单产 3 103.67 kg/亩，总产 1.024 2 万 t；青贮玉米种植面积 0.201 万 hm²，平均产量 3 500 kg/亩。2017 年与 2007 年相比，全县粮食面积减少 0.527 万 hm²，单产由 2007 年的 361.4 kg/亩增加到 2017 年的 383.3 kg/亩，增幅 6.1%；粮食总产由 2007 年的 222 194 t 减少到2017 年的 205 368 t，减少了 16 826 t。2017 年小麦播种 1.31 万 hm²，较 2007 年的 2.12 万 hm² 减少 0.81 万 hm²，2017 年小麦单产 428.7 kg/亩，较 2007 年小麦单产 367.7 kg/亩增加 61 kg/亩，增幅 16.6%，单产水平大幅度提升。2017 年玉米播种面积 2.132 万 hm²，较 2007 年的 1.82 万 hm² 增加 0.312 万 hm²，2017 年玉米单产 366.3 kg/亩，较 2007 年玉米单产 368.7 kg/亩减少 2.4 kg/亩，基本持平。2017 年油料播种面积 0.292 万 hm²，较 2007 年的 0.387 万 hm² 减少 0.095 万 hm²，2017 年油料单产 208.4 kg/亩，较 2007 年油料单产 181.3 kg/亩增加 27.1 kg/亩，增幅 14.9%。由于油料作物缺少配套的收获机械，种植面积有减少趋势。

2018 年，全年粮食播种面积 3.967 万 hm²，较2017 年增加 0.394 万 hm²，粮食平均单产 368.0 kg/亩，总产 218 932 t，总产同比增长 0.17%。其中，小麦播种面积 1.523 万 hm²，较2017 年增 0.218 万 hm²，平均单产 411.6 kg/亩，总产 94 049 t；玉米播种面积 2.389 万 hm²，较 2017 年增 0.257 万 hm²，平均单产 342.9 kg/亩，总产 122 859 t；全年油料播种面积 0.192 万 hm²，播种面积较上年减少 0.10 万 hm²，平均单产 201.8 kg/亩，总产量 5 802.19 t，总产量减少 3 325.81 t，减少了 36.4%；蔬菜种植面积 0.269 万 hm²，总产 12.84 万 t，总产与2017 年基本持平。

2019 年粮食播种面积 3.868 万 hm²，播种面积较 2018 年减少 0.099 万 hm²，总产 218 919.79 t，与 2018 年基本持平。其中，小麦播种面积 1.468 万 hm²，较 2018 年减少 0.055 万 hm²，总产 92 183 t；玉米播种面积 2.345 万 hm²，较 2018 年减少 0.043 万 hm²，总产 113 865.79 t；油料播种面积 0.149 万 hm²，较 2018 年减少 0.043 万 hm²，总产量 4 452.99 t，较 2018 年减少 1 349.2 t，且油料种植面积自 2017 年连续 3 年持续下降；花生播种面积 0.07 万 hm²，总产 0.24 万 t；油菜籽播种面积 0.06 万 hm²，总产 0.15 万 t；葵花籽播种面积 0.017 万 hm²，总产 0.06 万 t；豆类播种面积 0.015 万 hm²，总产 0.04 万 t；薯类播种面积 0.035 万 hm²，总产 1.17 万 t；中药材播种面积 0.049 万 hm²，总产 0.31 万 t；蔬菜播种面积 0.191 万 hm²，总产 9.20 万 t。

第四章　耕地土壤性质演变规律分析

　　土壤性质是衡量土壤肥力高低和耕地质量等级的重要参数，包括物理、化学和生物学性状。了解土壤的理化性质可以为耕地质量综合等级评价和制定相应的合理利用技术措施提供科学依据。本章将安平县 2007—2009 年 3 年所有农业项目测定的各种土壤理化性状结果进行汇总统计分析记作该县 2009 年统计结果，把 2018—2020 年 3 年所有农业项目测定的各种土壤理化性状的结果进行汇总统计分析记作该县 2020 年统计结果，比较 2 个时间段的土壤容重、耕层厚度等物理指标，土壤 pH、有机质、全氮、有效磷、速效钾、缓效钾、有效铁、有效锰、有效铜、有效锌等化学指标的时间演变规律。

第一节　土壤物理性质

一、土壤容重

　　土壤容重是影响作物生长十分重要的基本数据。土壤容重数值大小受质地、结构性和松紧度等的影响。在一定范围内，容重小，土壤疏松多孔，结构性良好，适宜作物生长；反之，容重大，土壤紧实板硬、缺少团粒结构，对作物生长产生不良影响。2009 年调研数据显示（表 4-1），安平县土壤耕层容重在 $1.15 \sim 1.67$ g/cm^3，平均值为 1.44 g/cm^3。其中，安平镇、程油子乡、东黄城镇的土壤耕层容重均高于全县的平均

表 4-1　安平县各乡镇的土壤容重变化状况

乡镇	容重（g/cm^3）		乡镇	容重（g/cm^3）	
	2009 年	2020 年		2009 年	2020 年
安平镇	1.45	1.46	大何庄乡	1.40	1.45
程油子乡	1.47	1.45	马店镇	1.42	1.44
大子文镇	1.43	1.44	南王庄镇	1.43	1.46
东黄城镇	1.46	1.45	西两洼乡	1.43	1.47
全县	1.44	1.45	—	—	—

值，分别为 1.45 g/cm³、1.47 g/cm³、1.46 g/cm³，以程油子乡最高。2020 年调研数据表明，安平县土壤耕层容重在 1.38～1.54 g/cm³，平均值为 1.45 g/cm³。其中，安平镇、南王庄镇、西两洼乡的土壤耕层容重均高于全县的平均值，分别为 1.46 g/cm³、1.46 g/cm³、1.47 g/cm³，以西两洼乡最高。2020 年的土壤容重与 2009 年基本接近，但是 2009 年该县土壤容重变化幅度更大，最大值与最小值相差 0.52 g/cm³，2020 年的土壤容重最大值与最小值相差只有 0.16 g/cm³。

依据河北省《耕地地力主要指标分级诊断》（DB 13/T 5406—2021）标准，2009 年调查的全县耕地土壤容重大多属于 3 级（表 4-2），土壤容重 2 级耕地面积 26.88 hm²，占总耕地面积的 0.09%；土壤容重 3 级耕地面积 17 801.26 hm²，占总耕地面积的 57.28%；土壤容重 4 级耕地面积 13 247.16 hm²，占总耕地面积的 42.63%。2020 年调查的全县耕地土壤容重大多属于 4 级，土壤容重 3 级耕地面积 8 372.92 hm²，占总耕地面积的 26.94%；土壤容重 4 级地面积 22 702.38 hm²，占总耕地面积的 73.06%。2020 年土壤容重在 1.45～1.55 g/cm³ 的耕地面积占比较 2009 年增加 30.43 个百分点，而 2020 年土壤容重在 1.35～1.45 g/cm³ 的耕地面积占比较 2009 年减少 30.34 个百分点，说明 2020 年大部分土壤容重较 2009 年增加，耕层土壤变得板结硬实，不利于作物根系下扎。

表 4-2　各级别土壤容重的耕地面积和占比统计

级别	土壤容重（g/cm³）	2009 年		2020 年	
		耕地面积（hm²）	占总耕地（%）	耕地面积（hm²）	占总耕地（%）
1	(1.00, 1.25]	0	0	0	0
2	(1.25, 1.35]　≤1.00	26.88	0.09	0	0
3	(1.35, 1.45]	17 801.26	57.28	8 372.92	26.94
4	(1.45, 1.55]	13 247.16	42.63	22 702.38	73.06
5	＞1.55	0	0	0	0

二、耕层厚度

安平县耕层厚度（表 4-3），2009 年调研数据显示，全县土壤耕层厚度平均值为 20.00 cm；2020 年全县土壤耕层厚度平均值仍为 20.00 cm，均处于 2 级（较高）水平。

表 4-3 安平县各乡镇的耕层厚度变化状况

乡镇	耕层厚度（cm）		乡镇	耕层厚度（cm）	
	2009 年	2020 年		2009 年	2020 年
安平镇	20.13	20.00	大何庄乡	20.08	20.00
程油子乡	19.38	20.00	马店镇	19.74	20.00
大子文镇	20.24	20.00	南王庄镇	20.59	20.00
东黄城镇	20.31	20.00	西两洼乡	20.00	20.00
全县	20.00	20.00	—	—	—

依据河北省《耕地地力主要指标分级诊断》（DB 13/T 5406—2021）标准，2009 年调查的全县耕地土壤耕层厚度大多属于 1 级（表 4-4），耕层厚度 1 级耕地面积 20 938.86 hm²，占总耕地面积的 67.37%；耕层厚度 2 级耕地面积 9 309.34 hm²，占总耕地面积的 29.96%；耕层厚度 3 级耕地面积 346.59 hm²，占总耕地面积的 1.12%；耕层厚度 4 级耕地面积 480.51 hm²，占总耕地面积的 1.55%。2020 年调查的全县耕地耕层厚度大多属于 1 级，耕层厚度 1 级耕地面积 20 221.67 hm²，占总耕地面积的 65.07%；耕层厚度 2 级耕地面积 10 853.63 hm²，占总耕地面积的 34.93%。2020 年的土壤耕层厚度与 2009 年基本接近。

表 4-4 各级别耕层厚度的耕地面积和占比统计

级别	耕层厚度（cm）	2009 年		2020 年	
		耕地面积（hm²）	占总耕地（%）	耕地面积（hm²）	占总耕地（%）
1	>20.0	20 938.86	67.37	20 221.67	65.07
2	(18.0, 20.0]	9 309.34	29.96	10 853.63	34.93
3	(15.0, 18.0]	346.59	1.12	0	0
4	(10.0, 15.0]	480.51	1.55	0	0
5	≤10.0	0	0	0	0

第二节 土壤 pH 和有机质

一、土壤 pH

土壤酸碱性是土壤化学性质、盐基状况的综合反映，也是影响土壤肥力的重要因素之一。土壤中养分的转化和供应，微量元素的有效性和微生物活动，都与土壤酸碱性有关。土壤酸碱性的主要指标用 pH 值大小来表示。2009 年调研数据显示（表 4-5），安平县土壤 pH 值在 7.58～8.86，平均值为 8.25。其中，安平镇、程油子乡、大何庄乡、马店镇、南王庄镇的土壤 pH 均高于全县的平均值，分别为 8.26、8.26、8.39、8.29、8.29，以大何庄乡最高。2020 年调研数据显示，安平县土壤 pH 在 7.58～8.63，平均值为 8.15。其中，程油子乡、大子文镇、大何庄乡、马店镇、南王庄镇的土壤 pH 均高于全县的平均值，分别为 8.18、8.20、8.16、8.16、8.22，以南王庄镇最高。2020 年全县的土壤 pH 比 2009 年减少 0.10 个单位，说明安平县土壤有酸化趋势。

表 4-5　安平县各乡镇的土壤 pH 变化状况

乡镇	土壤 pH		乡镇	土壤 pH	
	2009 年	2020 年		2009 年	2020 年
安平镇	8.26	8.07	大何庄乡	8.39	8.16
程油子乡	8.26	8.18	马店镇	8.29	8.16
大子文镇	8.22	8.20	南王庄镇	8.29	8.22
东黄城镇	8.13	8.09	西两洼乡	8.15	8.11
全县	8.25	8.15	—	—	—

依据河北省《耕地地力主要指标分级诊断》（DB 13/T 5406—2021）标准，2009 年调查的全县耕地土壤 pH 大多属于 3 级（表 4-6），pH 为 2 级耕地面积 150.78 hm²，占总耕地面积的 0.49%；pH3 级耕地面积 30 358.29 hm²，占总耕地面积的 97.69%；pH4 级耕地面积 566.23 hm²，占总耕地面积的 1.82%。2020 年调查的全县耕地土壤 pH 大多属于 3 级，pH2 级耕地面积 43.48 hm²，占总耕地面积的 0.14%；pH3 级耕地面积 31 031.82 hm²，占总耕地面积的 99.86%。2020 年全县的土壤 pH 在 3 级耕地面积和占总耕地的比例分别比 2009 年增加 673.53 hm² 和 2.17 个百分点。

表 4-6　各级别土壤 pH 值的耕地面积和占比统计

级别	pH	2009 年		2020 年	
		耕地面积（hm²）	占总耕地（%）	耕地面积（hm²）	占总耕地（%）
1	(6.5, 7.5]	0	0	0	0
2	(7.5, 8.0]	150.78	0.49	43.48	0.14
3	(8.0, 8.5]	30 358.29	97.69	31 031.82	99.86
4	(8.5, 9.0]	566.23	1.82	0	0
5	>9.0	0	0	0	0

二、土壤有机质

土壤有机质包括植物残体、施入的有机肥料与经过微生物作用产生的腐殖质。有机质是土壤的重要组成部分，是土壤养分的仓库，其含量的高低是衡量土壤肥力的重要指标之一。有机质中含有作物生长所需的各种养分，直接或间接地为作物生长提供氮、磷、钾、钙、镁、硫和各种微量元素，不仅是植物营养的重要来源，也是微生物生活和活动的能源。土壤有机质与土壤的发生演变、肥力水平和许多属性都密切相关；而且对土壤结构形成、通气性、渗透性、缓冲性、交换性能和保水保肥性能产生重要影响；在改善土壤物理性质、调节水肥气热等各种肥力因素状况方面起重要作用。农业生产实践表明，同一类型土壤，有机质含量在一定范围内，土壤肥力和作物产量将随着有机质含量的增加而逐渐提高。对耕作土壤来说，培肥的中心环节是保持和提高土壤有机质含量。

2009 年数据表明（表 4-7），安平县土壤有机质在 8.33~21.02 g/kg，平均值为 14.64 g/kg。其中，安平镇、程油子乡、大子文镇、马店镇、南王庄镇的土壤有机质均高于全县的平均值，分别为 15.30 g/kg、15.26 g/kg、14.83 g/kg、14.73 g/kg、15.03 g/kg，以安平镇最高。2020 年数据表明，安平县全县耕层土壤有机质在 7.08~43.20 g/kg，平均含量为 20.31 g/kg。其中，大何庄乡、马店镇、西两洼乡的土壤有机质均高于全县的平均值，分别为 22.95 g/kg、21.32 g/kg、22.58 g/kg，以大何庄乡最高。自 2009—2020 年，土壤有机质含量有明显提高，由 14.64 g/kg 提高到 20.31 g/kg，平均每年增加 0.47 g/kg，增加了 38.73%。

表 4-7　安平县各乡镇的土壤耕层有机质分布状况

乡镇	有机质（g/kg）		乡镇	有机质（g/kg）	
	2009 年	2020 年		2009 年	2020 年
安平镇	15.30	19.86	大何庄乡	14.54	22.95
程油子乡	15.26	19.47	马店镇	14.73	21.32
大子文镇	14.83	19.26	南王庄镇	15.03	18.20
东黄城镇	13.17	20.20	西两洼乡	13.55	22.58
全县	14.64	20.31	—	—	—

依据河北省《耕地地力主要指标分级诊断》（DB 13/T 5406—2021）标准，2009 年调查的全县耕地耕层土壤有机质含量大多属于 4 级（表 4-8），有机质含量 3 级耕地面积 12 326.04 hm²，占总耕地面积的 39.67%；有机质含量 4 级耕地面积 18 749.26 hm²，

占总耕地面积的 60.33%。2020 年调查的全县耕地耕层土壤有机质含量大多属于 2 级，有机质含量 1 级耕地面积 1 481.19 hm²，占总耕地面积的 4.77%；有机质含量 2 级耕地面积 15 450.51 hm²，占总耕地面积的 49.72%；有机质含量 3 级耕地面积 14 143.60 hm²，占总耕地面积的 45.51%。

表 4-8　各级别土壤有机质的耕地面积和占比统计

级别	有机质含量（g/kg）	2009 年		2020 年	
		耕地面积（hm²）	占总耕地（%）	耕地面积（hm²）	占总耕地（%）
1	>25	0	0	1 481.19	4.77
2	(20, 25]	0	0	15 450.51	49.72
3	(15, 20]	12 326.04	39.67	14 143.60	45.51
4	(10, 15]	18 749.26	60.33	0	0
5	≤10	0	0	0	0

总体来看，2020 年安平县耕地土壤有机质含量与 2009 年相比呈现提高趋势，分级由 2009 年的以 4 级耕地为主转变为 2020 年的以 2 级、3 级耕地为主。2020 年土壤有机质含量在 1 级、2 级、3 级的耕地面积较 2009 年分别增加 1 481.19 hm²、15 450.51 hm²、1 817.56 hm²，分别提高了 4.77%、49.72%、14.74%；土壤有机质含量在 4 级的耕地面积较 2009 年减少 18 749.26 hm²，减少了 60.33%。

安平县土壤有机质含量增加的主要原因是在 20 世纪 60—70 年代，大量施用堆积肥等有机肥，化肥用量减少，农作物有机体产量很低，在农作物收获时，几乎所有的农作物有机体（包括作物根茬、茎叶）被用作燃料和牲畜的粗饲料，用于还田的农作物秸秆很少，作物收获后的农田可以称为"卫生田"。而近些年，由于大量施用化肥，单位耕地面积上的农作物有机体产量大幅度抬升，有大量植物秸秆还田。同时，政府积极推广耕地质量保护与提升技术，如测土配方施肥技术、沃土工程、有机质提升、化肥零增长、有机肥替代化肥、化肥减量增效、休耕轮耕等技术。然而，不同地区（甚至同一地区不同地块）间秸秆还田量和调控技术的实际实施程度存在明显不同，土壤有机质含量高低差异较大，有机肥施用各区域之间很不均衡。

第三节　土壤大量营养元素

土壤养分包括氮（N）、磷（P）、钾（K）、钙（Ca）、镁（Mg）、硫（S）、铁（Fe）、锰（Mn）、铜（Cu）、锌（Zn）、硼（B）、钼（Mo）和氯（Cl）等元素。根据

作物对它们的需要量可划分为大量元素、中量元素和微量元素。大量元素包括氮、磷、钾；中量元素包括钙、镁、硫；微量元素包括铁、锰、铜、锌、硼、钼、氯。这些元素只有在协调供应的条件下，才能达到优质、高效、高产的目的。土壤养分含量因土壤类型不同而不同。受成土条件、人为耕作、施肥等因素的影响，耕层土壤养分有明显差异。

本书中安平县土壤养分测定项目包括：全氮、碱解氮、有效磷、缓效钾、速效钾、有效铁、有效铜、有效锰、有效锌、有效硼、有效硫等，其中氮、磷、钾养分属于植物生长必需的大量营养元素。在进行土壤样品数据整理时，结合专业经验，采用 $\bar{x}±3S$ 法判断分析数据中的异常值：根据1组数据的测定结果，由大到小排列，把大于 $\bar{x}+3S$ 和小于 $\bar{x}-3S$ 的测定值视为异常值去掉。本节主要介绍安平县氮、磷、钾等大量养分元素的变化规律。

一、土壤全氮

2009年调研数据显示（表4-9），安平县土壤全氮含量在0.64～1.60 g/kg，平均值为0.98 g/kg。其中，安平镇、程油子乡、大子文镇、西两洼乡的土壤全氮含量均高于全县的平均值，分别为0.99 g/kg、0.99 g/kg、1.04 g/kg、1.01 g/kg，以大子文镇最高。2020年安平县土壤耕层全氮含量在0.29～2.31 g/kg，平均值为1.28 g/kg。其中，安平镇、东黄城镇、大何庄乡、西两洼乡的土壤全氮含量均高于全县的平均值，分别为1.30 g/kg、1.40 g/kg、1.38 g/kg、1.31 g/kg，以东黄城镇最高。自2009—2020年，土壤耕层全氮含量逐渐提高，由0.98 g/kg提高到1.28 g/kg，提升了0.30 g/kg，平均每年增加0.025 g/kg，提高了30.61%。

表4-9　安平县各乡镇的土壤全氮分布状况

乡镇	全氮（g/kg）		乡镇	全氮（g/kg）	
	2009年	2020年		2009年	2020年
安平镇	0.99	1.30	大何庄乡	0.95	1.38
程油子乡	0.99	1.23	马店镇	0.94	1.28
大子文镇	1.04	1.21	南王庄镇	0.96	1.20
东黄城镇	0.94	1.40	西两洼乡	1.01	1.31
全县	0.98	1.28	—	—	—

依据河北省《耕地地力主要指标分级诊断》（DB 13/T 5406—2021）标准，2009年全县耕地耕层土壤全氮含量大多属于3级（表4-10），全氮含量2级耕地面积5 944.67 hm²，占总耕地面积的19.13%；全氮含量3级耕地面积25 130.63 hm²，占总

耕地面积的80.87%。2020年调查的全县耕地耕层土壤全氮含量大多属于2级，全氮含量1级耕地面积576.51 hm²，占总耕地面积的1.86%；全氮含量2级耕地面积30 464.03 hm²，占总耕地面积的98.03%；全氮含量3级耕地面积34.76 hm²，占总耕地面积的0.11%。

表4-10 各级别土壤全氮的耕地面积和占比统计

级别	全氮含量（g/kg）	2009年		2020年	
		耕地面积（hm²）	占总耕地（%）	耕地面积（hm²）	占总耕地（%）
1	>1.50	0	0	576.51	1.86
2	(1.00, 1.50]	5 944.67	19.13	30 464.03	98.03
3	(0.75, 1.00]	25 130.63	80.87	34.76	0.11
4	(0.50, 0.75]	0	0	0	0
5	≤0.50	0	0	0	0

总体来看，安平县耕地土壤全氮含量与2009年相比呈上升趋势，分级由2009年的以3级耕地为主转变为2020年的以2级耕地为主。2020年土壤全氮含量在1级、2级的耕地面积较2009年增加576.51 hm²、24 519.36 hm²，分别提高了1.86%、412.5%；土壤全氮含量在3级的耕地面积较2009年减少25 095.87 hm²，减少了80.76个百分点。

二、土壤磷素

2009年调研数据显示（表4-11），安平县土壤有效磷含量在2.36～26.79 mg/kg，平均值为14.17 mg/kg。其中，安平镇、程油子乡、大子文镇、西两洼乡的土壤有效磷

表4-11 安平县各乡镇土壤耕层有效磷分布状况

乡镇	有效磷（mg/kg）		乡镇	有效磷（mg/kg）	
	2009年	2020年		2009年	2020年
安平镇	15.89	10.54	大何庄乡	12.15	12.65
程油子乡	14.65	15.72	马店镇	12.93	10.97
大子文镇	14.35	14.14	南王庄镇	13.60	12.58
东黄城镇	13.41	16.20	西两洼乡	16.61	17.43
全县	14.17	13.73	—	—	—

含量均高于全县的平均值，分别为15.89 mg/kg、14.65 mg/kg、14.35 mg/kg、

16.61 mg/kg，以西两洼乡最高。2020 年安平县土壤耕层有效磷含量在 2.69～80.15 mg/kg，平均值为 13.73 mg/kg。其中，程油子乡、大子文镇、东黄城镇、西两洼乡的土壤有效磷含量均高于全县的平均值，分别为 15.72 mg/kg、14.14 mg/kg、16.20 mg/kg、17.43 mg/kg，以西两洼乡最高。2020 年与 2009 年土壤速效磷含量接近。

依据河北省《耕地地力主要指标分级诊断》（DB 13/T 5406—2021）标准，2009 年调查的全县耕地耕层土壤有效磷含量大多属于 4 级（表 4-12），有效磷含量 3 级耕地面积 11 431.73 hm²，占总耕地面积的 36.79%；有效磷含量 4 级耕地面积 18 577.98 hm²，占总耕地面积的 59.78%；有效磷含量 5 级耕地面积 1 065.59 hm²，占总耕地面积的 3.43%。2020 年调查的全县耕地耕层土壤有效磷含量大多属于 4 级，有效磷含量 2 级耕地面积 228.96 hm²，占总耕地面积的 0.74%；有效磷含量 3 级耕地面积 10 078.85 hm²，占总耕地面积的 32.43%；有效磷含量 4 级耕地面积 18 262.71 hm²，占总耕地面积的 58.77%；有效磷含量 5 级耕地面积 2 504.78 hm²，占总耕地面积的 8.06%。总体来看，2009 年和 2020 年安平县耕地土壤有效磷含量均以 3 级和 4 级耕地为主。

表 4-12　各级别土壤有效磷的耕地面积和占比统计

级别	有效磷（mg/kg）	2009 年		2020 年	
		耕地面积（hm²）	占总耕地（%）	耕地面积（hm²）	占总耕地（%）
1	＞30	0	0	0	0
2	(25, 30]	0	0	228.96	0.74
3	(15, 25]	11 431.73	36.79	10 078.85	32.43
4	(10, 15]	18 577.98	59.78	18 262.71	58.77
5	≤10	1 065.59	3.43	2 504.78	8.06

三、土壤钾素

（一）土壤速效钾

2009 年调研数据显示（表 4-13），安平县土壤速效钾含量在 26.00～208.34 mg/kg，平均值为 99.34 mg/kg。其中，安平镇、大子文镇、东黄城镇、大何庄乡、南王庄镇、西两洼乡的土壤速效钾含量均高于全县的平均值，分别为 102.45 mg/kg、109.16 mg/kg、103.26 mg/kg、99.40 mg/kg、108.76 mg/kg、102.73 mg/kg，以大子文镇最高。2020 年安平县土壤耕层速效含量在 25.40～468.00 mg/kg，平均值为 116.48 mg/kg。其中，程油子乡、东黄城镇、西两洼乡的土壤速效钾含量均高于全县的平均值，分别为 135.86 mg/kg、153.03 mg/kg、130.71 mg/kg，以东黄城镇最高。自 2009—2020 年，土壤速效钾含量逐渐提高，由 99.34 mg/kg 提高到 116.48 mg/kg，平均每年增加 1.43 mg/kg，提高了 17.25%。

表 4-13 安平县各乡镇土壤耕层速效钾分布状况

乡镇	速效钾（mg/kg）		乡镇	速效钾（mg/kg）	
	2009 年	2020 年		2009 年	2020 年
安平镇	102.45	94.26	大何庄乡	99.40	105.62
程油子乡	99.15	135.86	马店镇	85.61	106.04
大子文镇	109.16	109.72	南王庄镇	108.76	84.18
东黄城镇	103.26	153.03	西两洼乡	102.73	130.71
全县	99.34	116.48	—	—	—

依据河北省《耕地地力主要指标分级诊断》（DB 13/T 5406—2021）标准，2009 年调查的全县耕地耕层土壤速效钾含量大多属于 3 级、4 级（表 4-14），速效钾含量 2 级耕地面积 2 425.77 hm²，占总耕地面积的 7.80%；速效钾含量 3 级耕地面积 11 006.34 hm²，占总耕地面积的 35.42%；速效钾含量 4 级耕地面积 11 922.51 hm²，占总耕地面积的 38.37%；速效钾含量 5 级耕地面积 5 720.68 hm²，占总耕地面积的 18.41%。2020 年调查的全县耕地耕层土壤速效钾含量大多属于 1～3 级，速效钾含量 1 级耕地面积 6 389.07 hm²，占总耕地面积的 20.56%；速效钾含量 2 级耕地面积 8 117.69 hm²，占总耕地面积的 26.12%；速效钾含量 3 级耕地面积 5 938.38 hm²，占总耕地面积的 19.11%；速效钾含量 4 级耕地面积 5 751.19 hm²，占总耕地面积的 18.51%；速效钾含量 5 级耕地面积 4 878.97 hm²，占总耕地面积的 15.70%。

表 4-14 各级别土壤速效钾的耕地面积和占比统计

级别	速效钾（mg/kg）	2009 年		2020 年	
		耕地面积（hm²）	占总耕地（%）	耕地面积（hm²）	占总耕地（%）
1	＞130	0	0	6 389.07	20.56
2	(115, 130]	2 425.77	7.80	8 117.69	26.12
3	(100, 115]	11 006.34	35.42	5 938.38	19.11
4	(85, 100]	11 922.51	38.37	5 751.19	18.51
5	≤85	5 720.68	18.41	4 878.97	15.70

总体来看，2020 年安平县耕地土壤速效钾含量与 2009 年相比呈上升趋势，分级由

2009 年的以 3 级和 4 级耕地为主转变为 2020 年的以 1～3 级耕地为主。与 2009 年比较，2020 年的土壤速效钾 1 级、2 级耕地面积分别增加 6 389.07 hm²、5 691.92 hm²，占比分别提高了 20.56、18.32 个百分点；2020 年的土壤速效钾 3 级、4 级、5 级耕地面积分别减少 5 067.96 hm²、6 171.32 hm²、841.71 hm²，占比分别降低了 16.31 个、19.86 个、2.71 个百分点。

（二）土壤缓效钾

2009 年数据表明（表 4-15），安平县土壤缓效钾含量在 522.00～1 294.33 mg/kg，平均值为 806.90 mg/kg。其中，安平镇、程油子乡、东黄城镇、马店镇、西两洼乡的土壤缓效钾含量均高于全县的平均值，分别为 807.90 mg/kg、824.96 mg/kg、813.33 mg/kg、826.32 mg/kg、850.00 mg/kg，以西两洼乡最高。2020 年数据表明，安平县土壤缓效钾含量在 530.00～1 517.20 mg/kg，平均值为 875.69 mg/kg。其中，安平镇、程油子乡、东黄城镇、西两洼乡的土壤缓效钾含量均高于全县的平均值，分别为 945.40 mg/kg、928.42 mg/kg、884.59 mg/kg、950.00 mg/kg，以西两洼乡最高。自 2009—2020 年，土壤耕层缓效钾含量进一步提高，由 806.90 mg/kg 提高到 875.69 mg/kg，平均每年增加 5.73 mg/kg，提高了 8.52%。

表 4-15　安平县各乡镇土壤耕层缓效钾分布状况

乡镇	缓效钾（mg/kg）		乡镇	缓效钾（mg/kg）	
	2009 年	2020 年		2009 年	2020 年
安平镇	807.90	945.40	大何庄乡	765.16	848.49
程油子乡	824.96	928.42	马店镇	826.32	869.80
大子文镇	779.62	791.39	南王庄镇	769.80	775.68
东黄城镇	813.33	884.59	西两洼乡	850.00	950.00
全县	806.90	875.69	—	—	—

依据河北省《耕地地力主要指标分级诊断》（DB 13/T 5406—2021）标准，2009 年调查的全县耕地耕层土壤缓效钾含量大多属于 3 级（表 4-16），缓效钾含量 2 级耕地面积 437.41 hm²，占总耕地面积的 1.41%；缓效钾含量 3 级耕地面积 30 637.89 hm²，占总耕地面积的 98.59%。2020 年的调查结果表明，缓效钾含量 1 级耕地面积 5 118.98 hm²，占总耕地面积的 16.47%；缓效钾含量 2 级耕地面积 5 738.44 hm²，占总耕地面积的 18.47%；缓效钾含量 3 级耕地面积 20 217.88 hm²，占总耕地面积的 65.06%。

表 4-16 各级别土壤缓效钾的耕地面积和占比统计

级别	缓效钾 (mg/kg)	2009 年		2020 年	
		耕地面积 (hm²)	占总耕地 (%)	耕地面积 (hm²)	占总耕地 (%)
1	>1 000	0	0	5 118.98	16.47
2	(900, 1 000]	437.41	1.41	5 738.44	18.47
3	(500, 900]	30 637.89	98.59	20 217.88	65.06
4	(300, 500]	0	0	0	0
5	≤300	0	0	0	0

总体来看，2020 年安平县耕地土壤缓效钾含量与 2009 年相比呈上升趋势，均以 3 级为主。与 2009 年比较，2020 年的土壤缓效钾 1 级、2 级耕地面积分别增加 5 118.98 hm²、5 301.03 hm²，占比分别提高了 16.47 个、17.06 个百分点；2020 年的土壤缓效钾 3 级耕地面积减少 10 420.01 hm²，占比降低了 33.53 个百分点。

第四节 土壤中微量营养元素

一、土壤中量营养元素

中量元素是指植物体内含量相对较高的营养元素，通常包括钙、镁、硫 3 种，本书选择有效硫进行分析。土壤有效硅被视为有益元素，其植物体内含量很大，此次调查作为中量元素进行分析。中量元素是植物细胞的重要组成部分，参与细胞的化学反应和生理活动。土壤中含量较高，基本能够满足作物生长需要。随着大量元素、微量元素肥料的大量施用，在一年两熟、作物高产的条件下，硅元素局部呈现缺乏现象，适量施用具有较明显的增产效果。

2020 年测定结果（表 4-17）表明，安平县土壤耕层有效硫含量平均值为 72.91 mg/kg，范围在 25.53~236.44 mg/kg，变异系数 102.61%。土壤耕层有效硅含量平均值为 118.56 mg/kg，范围在 76.50~174.61 mg/kg，变异系数 25.85%。

表 4-17 2020 年安平县耕层土壤有效硫和有效硅含量状况

指标	有效硫（mg/kg）	有效硅（mg/kg）
最大值	236.44	174.61
最小值	25.53	76.50
平均值	72.91	118.56

（续表）

指标	有效硫（mg/kg）	有效硅（mg/kg）
标准差	74.81	30.66
变异系数（%）	102.61	25.85

二、土壤微量营养元素

微量元素是指植物体内含量相对氮、磷、钾少一些的元素，但在植物正常生长发育及生理代谢进程中是不可缺少的元素，微量元素在植物体内的含量一般 0.01% 以下，有的甚至更低，包括铁、锰、铜、锌、硼、钼、氯。作物需要的微量元素数量很少，一般土壤微量元素的含量是能够满足植物需要的。但其有效性受土壤条件影响很大，如土壤中碳酸钙含量及 pH 值高会导致微量元素不足。微量元素缺乏会发生特殊的营养缺乏症，使植物不能正常生长，成为进一步限制作物产量提高的障碍因素。目前国内外施用微量元素肥料已经很普遍，对提高作物的产量和改善品质有一定作用。本书主要分析了 2020 年安平县微量元素中的有效铁、有效锰、有效铜、有效锌、有效钼和水溶性硼等含量，这些元素对耕地质量和环境质量起重要作用。

2020 年安平县土壤有效铁、有效锰、有效铜、有效锌、水溶性硼、有效钼的变化范围分别为 13.80～27.66 mg/kg、3.09～15.08 mg/kg、0.20～1.94 mg/kg、1.72～5.65 mg/kg、0.55～1.84 mg/kg、0.05～0.15 mg/kg（表 4-18）；有效铁、有效锰、有效铜、有效锌、水溶性硼、有效钼的平均值分别为 18.55 mg/kg、8.06 mg/kg、0.82 mg/kg、2.92 mg/kg、1.10 mg/kg、0.09 mg/kg，其中有效锰、有效铜、有效锌区域间变异较大。

表 4-18　2020 年安平县耕层土壤微量元素含量状况

指标	有效铁	有效锰	有效铜	有效锌	水溶性硼	有效钼
最大值（mg/kg）	27.66	15.08	1.94	5.65	1.84	0.15
最小值（mg/kg）	13.80	3.09	0.20	1.72	0.55	0.05
平均值（mg/kg）	18.55	8.06	0.82	2.92	1.10	0.09
标准差（mg/kg）	3.49	4.56	0.47	1.32	0.44	0.03
变异系数（%）	18.78	56.51	57.44	45.06	40.50	33.45

依据河北省《耕地地力主要指标分级诊断》（DB 13/T 5406—2021）标准，2020 年调查结果中（表 4-19），全县耕地耕层土壤有效铁、有效锌、水溶性硼含量均属于 2 级水平，有效锰含量属于 3 级水平，有效铜含量在 4 级水平，有效钼含量在 5 级水平。

表 4-19 2020 年土壤微量元素等级变化

指标	有效铁	有效锰	有效铜	有效锌	水溶性硼	有效钼
平均含量（mg/kg）	18.55	8.06	0.82	2.92	1.10	0.09
等级	2	3	4	2	2	5

根据作物对微量元素敏感的临界水平（表 4-20）判断，安平县土壤微量元素含量均在作物适宜水平以上，尤以有效铁、有效锰、有效铜含量相对较高。目前，常用的锌、锰、铜、铁、钼肥主要是硫酸盐类和铵盐类化合物，以及由其配制的各种冲施肥和叶面肥。硫酸盐类和铵盐类化合物可用作基施、追肥、蘸根、叶面喷施、浸种，以基施效果最佳，一般每公顷用量为硫酸锌、硫酸锰、硫酸铜 15～20 kg，硼砂、硼酸 15～25 kg，钼酸铵 15～30 kg。在土壤微量元素含量较低或对微量元素敏感的作物上施用微肥能较明显提高作物产量和改善收获器官品质，微肥的应用结合不同区域类型的土壤养分含量状况。

表 4-20 作物对微量元素敏感的临界阈值

土壤养分	适宜	边缘值	缺乏
有效铁（mg/kg）	>4.5	(2.5, 4.5]	<2.5
有效锰（mg/kg）	>1.0	—	<1.0
有效铜（mg/kg）	>0.2	—	<0.2
有效锌（mg/kg）	>1.0	(0.3, 1.0]	<0.3

第五节 土壤重金属元素

污染农田土壤的重金属主要包括汞、镉、铅、铬和类金属砷等生物毒性显著的元素，过量重金属会毒害作物，一般表现为生长缓慢、植株矮小、叶片青绿、根短、幼苗鲜重下降、叶片卷曲、干重下降、主根伸长受抑制、侧根减少。根据中华人民共和国国家标准《土壤环境质量标准》（GB 15618—1995），土壤重金属含量三级标准值见表 4-21。

表 4-21 土壤重金属质量含量标准（mg/kg）

重金属	一级	二级			三级
	自然背景	pH<6.5	6.5≤pH≤7.5	pH>7.5	pH>6.5
总铅	≤35	≤250	≤300	≤350	≤500
总铬	≤90	≤250	≤300	≤350	≤400

（续表）

重金属	一级	二级			三级
	自然背景	pH<6.5	6.5≤pH≤7.5	pH>7.5	pH>6.5
总镉	≤0.20	≤0.30	≤0.30	≤0.60	≤1.0
总汞	≤0.15	≤0.30	≤0.50	≤1.0	≤1.5
总砷水田	≤15	≤30	≤25	≤20	≤30
总砷旱地	≤15	≤40	≤30	≤25	≤40

2020 年安平县土壤耕层总铅、总铬、总镉、总汞、总砷的变化幅度分别为 2.76～20.11 mg/kg、6.43～68.20 mg/kg、0.12～0.25 mg/kg、0.02～0.08 mg/kg、2.35～10.80 mg/kg（表 4-22）；总铅、总铬、总镉、总汞、总砷含量的平均值分别为15.54 mg/kg、52.36 mg/kg、0.16 mg/kg、0.04 mg/kg、7.94 mg/kg；5 种重金属平均含量均在 1 级范围内。汞、镉区域间变异较大，砷区域间变异最小。安平县土壤中的重金属总铅、总铬、总镉、总汞、总砷对土壤没有造成污染。

表 4-22　安平县耕层土壤重金属含量状况

指标	总铅	总铬	总镉	总汞	总砷
最大值（mg/kg）	20.11	68.20	0.25	0.08	10.80
最小值（mg/kg）	2.76	6.43	0.12	0.02	2.35
平均值（mg/kg）	15.54	52.36	0.16	0.04	7.94
标准差（mg/kg）	3.95	14.36	0.05	0.02	1.97
变异系数（%）	25.45	27.43	32.78	48.26	24.77

第五章 耕地质量综合等级时空演变分析

第一节 耕地质量评价原理与方法

一、耕地质量评价原理

耕地质量是耕地自然要素相互作用表现出的潜在生产能力。耕地质量评价可分为以产量为依据的耕地当前生产能力评价和以自然要素为主的生产潜力评价。本次耕地质量评价是指耕地用于一定方式下，在各种自然要素相互作用下表现出的潜在生产能力。

生产潜力评价又可分为以气候因素为主的潜力评价和以土壤因素为主的潜力评价。在一个较小的区域（县域）范围内，气候要素相对一致，耕地质量评价可以根据所在地的地形地貌、成土母质、土壤理化性状、农田基础设施等要素相互作用表现出的综合特征，揭示耕地潜在生物生产力的高低。耕地质量评价可用以下 2 种方法表达。

一种是回归模型法，用单位面积产量表示，其关系式为：

$$Y = b_0 + b_1 x_1 + b_2 x_2 + \cdots + b_n x_n$$

式中：Y 为单位面积产量；x_n 为耕地自然属性（参评因素）；b_n 为该属性对耕地质量的贡献率（解多元回归方程求得）。

单位面积产量表示法的优点是一旦上述函数关系建立，即可根据调查点自然属性的数值直接估算出耕地的单位面积产量。但在实际农业生产中，作物单位面积产量除了受耕地的自然要素影响外，还与农民的技术水平、经济能力的差异有直接关系。如果耕种者技术水平较低或者主要精力没有放在种田上，那么再肥沃的耕地作物的实际产量也不会高；如果耕种者具有较高的科技水平，并能够采用精耕细作的农艺管理措施，即使在自然条件较差的耕地上，也会获得较高的作物产量。因此，上述函数关系理论上虽然成立，但是实践上却难以做到。

另一种是参数法，即用耕地自然要素评价的指数来表示，其关系式为：

$$IFI = b_1 x_1 + b_2 x_2 + \cdots + b_n x_n$$

式中：*IFI* 为耕地质量指数；x_n 为耕地自然属性（参评因素）；b_n 为该属性对耕地质量的贡献率（层次分析方法或专家直接评估求得）。

根据 *IFI* 的大小及其组成，不仅可以了解耕地质量的高低，而且可以直观地揭示影响耕地质量的障碍因素及其影响程度。采取合适的方法，也可以将 *IFI* 值转换为单位面积作物产量，更直观地反映耕地质量的高低。

二、构建耕地质量评价指标体系

全国耕地质量评价指标体系受气候、地形地貌、成土母质等多种因素的影响。不同地区、不同地貌类型、不同母质发育的土壤，耕地地力差异较大，各项指标对地力贡献的份额在不同地区也有较大的差别，即使在同一个气候区内也难以制订一个统一的地力评价指标体系。农业农村部按照基础性指标和区域补充性指标相结合的原则选定了各区域所辖农业区的评价指标，建立了各指标权重和隶属函数，并明确了耕地质量等级划分指数，形成了《全国耕地质量等级评价指标体系》。

（一）指标权重

安平县属于农业农村部耕地质量评价中的黄淮海区（一级农业区）中的冀鲁豫低洼平原区（二级农业区）。该区的耕地质量评价指标权重见表 5-1。

表 5-1　黄淮平原农业区耕地质量评价指标权重

指标名称	指标权重	指标名称	指标权重
灌溉能力	0.155 0	pH	0.036 0
耕层质地	0.130 0	有效土层厚度	0.030 0
质地构型	0.111 0	土壤容重	0.030 0
有机质	0.104 0	地下水埋深	0.020 0
地形部位	0.077 0	障碍因素	0.020 0
盐渍化程度	0.076 0	耕层厚度	0.020 0
排水能力	0.057 0	农田林网化	0.010 0
有效磷	0.056 0	生物多样性	0.010 0
速效钾	0.048 0	清洁程度	0.010 0

（二）指标隶属函数

黄淮海区黄淮平原农业区的概念型指标隶属度见表 5-2，数值型指标隶属函数见表 5-3。

表 5-2　黄淮平原农业区的概念型指标隶属度

项目	地形部位										
	低海拔冲积平原	低海拔冲积洼地	低海拔洪积低台地	低海拔冲积洪积洼地	低海拔冲积海积洼地	低海拔湖积冲积洼地	低海拔海积洼地	低海拔海积冲积平原	低海拔冲积海积平原	低海拔冲积扇平原	低海拔冲积洪积平原
隶属度	1	0.9	0.85	0.9	0.8	0.85	0.7	0.8	0.85	1	1
有效土层厚度(cm)	≥100	[60, 100)	[30, 60)	<30							
隶属度	1	0.8	0.6	0.4							
耕层质地	中壤	轻壤	重壤	黏土	砂壤	砾质壤土	砂土	砾质砂土	壤质砾石土	砂质砾石土	
隶属度	1	0.94	0.92	0.88	0.8	0.55	0.5	0.45	0.45	0.4	
土壤容重	适中	偏轻	偏重								
隶属度	1	0.8	0.8								
质地构型	夹黏型	上松下紧型	通体壤	紧实型	夹层型	海绵型	上紧下松型	松散型	通体砂	薄层型	裸露岩石
隶属度	0.95	0.93	0.9	0.85	0.8	0.75	0.75	0.65	0.6	0.4	0.2
生物多样性	丰富	一般	不丰富								
隶属度	1	0.8	0.6								
清洁程度	清洁	尚清洁									
隶属度	1	0.8									
障碍因素	无	夹砂层	砂姜层	砾质层							
隶属度	1	0.8	0.7	0.5							
灌溉能力	充分满足	满足	基本满足	不满足							
隶属度	1	0.85	0.7	0.5							
排水能力	充分满足	满足	基本满足	不满足							
隶属度	1	0.85	0.7	0.5							
农田林网化	高	中	低								
隶属度	1	0.8	0.6								
pH	≥8.5	(8, 8.5]	(7.5, 8]	[6.5, 7.5)	[6, 6.5)	[5.5, 6)	[4.5, 5.5)	<4.5			
隶属度	0.5	0.8	0.9	1	0.9	0.85	0.75	0.5			
耕层厚度(cm)	≥20	[15, 20)	<15								
隶属度	1	0.8	0.6								
盐渍化程度	无	轻度	中度	重度							
隶属度	1	0.8	0.6	0.35							
地下水埋深(cm)	≥3	[2,3)	<2								
隶属度	1	0.8	0.6								

表 5-3 黄淮平原农业区的数值型指标隶属函数

指标名称	函数类型	函数公式	a 值	c 值	u 的下限值	u 的上限值	备注
有机质	戒上型	$y=1/[1+a(u-c)^2]$	0.005 431	18.219 012	0	18.2	
有效磷	戒上型	$y=1/[1+a(u-c)^2]$	0.000 102	79.043 468	0	79	有效磷<110 mg/kg
有效磷	戒下型	$y=1/[1+a(u-c)^2]$	0.000 007	148.611 679	148.6	500	有效磷≥110 mg/kg
速效钾	戒上型	$y=1/[1+a(u-c)^2]$	0.000 01	277.304 96	0	277	

注：y 为隶属度；a 为系数；u 为实测值；c 为标准指标。当函数类型为戒上型，$u \leqslant$ 下限值时，y 为 0；$u \geqslant$ 上限值时，y 为 1；当函数类型为峰型，$u \leqslant$ 下限值或 $u \geqslant$ 上限值时，y 为 0。

（三）等级划分指数

黄淮平原农业区耕地质量等级划分指数见表 5-4。

表 5-4 黄淮平原农业区耕地质量等级划分指数

耕地质量等级	综合指数范围	耕地质量等级	综合指数范围
1 级	≥0.964 0	6 级	[0.809 0, 0.840 0)
2 级	[0.933 0, 0.964 0)	7 级	[0.778 0, 0.809 0)
3 级	[0.902 0, 0.933 0)	8 级	[0.747 0, 0.778 0)
4 级	[0.871 0, 0.902 0)	9 级	[0.716 0, 0.747 0)
5 级	[0.840 0, 0.871 0)	10 级	<0.716 0

第二节 耕地质量综合等级时间演变特征

安平县下辖 5 个镇、3 个乡，有安平镇、马店镇、南王庄镇、大子文镇、东黄城镇、大何庄乡、程油子乡和西两洼乡。根据 2007—2009 年耕地质量调查数据汇总成 2009 年评价结果数据，2018—2020 年耕地质量调查数据汇总成 2020 年评价结果数据。

一、耕地质量综合等级时间变化特征

表 5-5 表明，2009 年和 2020 年安平县耕地质量评价等级均为 2～6 级地，无 1 级、7 级、8 级、9 级、10 级地。2009 年安平县耕地质量等级包括 2～6 级地，耕地面积分别为 66.33 hm²、2 167.18 hm²、4 179.07 hm²、13 621.20 hm²、11 041.52 hm²。2020 年安平县耕地质量等级包括 2～6 级地，面积分别为 1 591.63 hm²、6 489.94 hm²、

4 626.13 hm²、12 841.68 hm²、5 525.92 hm²。与 2009 年比较，2020 年的 2～4 级地分别增加 1 525.30 hm²、4 322.76 hm² 和 447.06 hm² 和 447.06 hm²，占总耕地面积的 4.91%、13.91% 和 1.44%；5 级地和 6 级地，耕地面积分别减少 779.52 hm² 和 5 515.60 hm²，占总耕地面积的 2.51% 和 17.75%。

表 5-5　安平县 2009 年与 2020 年耕地质量等级比较

等级	2009 年		2020 年		增减	
	耕地面积（hm²）	占总耕地（%）	耕地面积（hm²）	占总耕地（%）	耕地面积（hm²）	占总耕地（%）
2	66.33	0.21	1 591.63	5.12	1 525.30	4.91
3	2 167.18	6.97	6 489.94	20.88	4 322.76	13.91
4	4 179.07	13.45	4 626.13	14.89	447.06	1.44
5	13 621.20	43.84	12 841.68	41.33	−779.52	−2.51
6	11 041.52	35.53	5 525.92	17.78	−5 515.60	−17.75

二、耕地质量综合等级空间变化特征

（一）1 级地耕地质量特征

2009 年和 2020 年，安平县 1 级耕地的面积为 0 hm²。2009 年和 2020 年灌溉能力、排水能力、农田林网化、生物多样性、清洁程度、障碍因素、盐渍化程度、耕层厚度、耕层质地、质地构型、地形部位、有效土层厚度、地下水埋深、有机质、有效磷、速效钾、pH 值和土壤容重等指标均未达到 1 级地标准。

（二）2 级地耕地质量特征

1. 空间分布

2 级地在安平县的具体分布见表 5-6。2009 年，安平县 2 级地面积为 66.33 hm²，全部分布在安平镇，占耕地总面积的 0.21%；2020 年，2 级地面积为 1 591.63 hm²，占耕地总面积的 5.12%，2 级地面积明显增加。2009—2020 年，安平镇、程油子乡、大子文镇、东黄城镇、马店镇、南王庄镇和西两洼乡面积明显增加，其中南王庄镇面积增加最多为 407.40 hm²，其次是马店镇增加 304.09 hm²，分别占 2 级地的 25.60% 和 19.11%。

2. 属性特征

（1）灌溉能力。利用耕地质量等级图对灌溉能力栅格数据进行区域统计（表 5-7）得知，安平县 2 级地灌溉能力处于"充分满足"状态。用行政区划图与耕地质量等级图叠加联合形成行政区划耕地质量等级综合图，对灌溉能力栅格数据进行区域统计分析，2009 年安平县灌溉能力"充分满足"仅在安平镇出现，2020 年除大何庄乡外，其他乡镇均出现"充分满足"状态。2 级地中，2020 年处于"充分满足"状态的耕地面积较 2009 年增加 1 525.30 hm²。

表 5-6 安平县 2 级地的面积与分布状况比较

乡镇	2009 年		2020 年	
	面积（hm²）	占 2 级地面积（%）	面积（hm²）	占 2 级地面积（%）
安平镇	66.33	100.00	237.15	14.90
程油子乡	—	—	271.75	17.07
大子文镇	—	—	36.16	2.27
东黄城镇	—	—	146.81	9.22
大何庄乡	—	—	—	—
马店镇	—	—	304.09	19.11
南王庄镇	—	—	407.40	25.60
西两洼乡	—	—	188.27	11.83
全县	66.33	100.00	1 591.63	100.00

表 5-7 灌溉能力 2 级地行政区划分布比较（hm²）

乡镇	2009 年				2020 年			
	充分满足	满足	基本满足	不满足	充分满足	满足	基本满足	不满足
安平镇	66.33	—	—	—	237.15	—	—	—
程油子乡	—	—	—	—	271.75	—	—	—
大子文镇	—	—	—	—	36.16	—	—	—
东黄城镇	—	—	—	—	146.81	—	—	—
大何庄乡	—	—	—	—	—	—	—	—
马店镇	—	—	—	—	304.09	—	—	—
南王庄镇	—	—	—	—	407.40	—	—	—
西两洼乡	—	—	—	—	188.27	—	—	—
全县	66.33	—	—	—	1 591.63	—	—	—

（2）排水能力。利用耕地质量等级图对排水能力栅格数据进行区域统计（表 5-8），安平县 2 级地排水能力处于"充分满足"和"满足"状态。用行政区划图与耕地质量等级图叠加联合形成行政区划耕地质量等级综合图，对排水能力栅格数据进行区域

统计，2 级地中，2009 年仅在安平镇出现"充分满足"状态耕地面积 66.33 hm²，在 2020 年除安平镇和大何庄乡外，均处于"充分满足"或"满足"状态，其中"充分满足"和"满足"状态的耕地面积分别为 1 195.88 hm² 和 395.75 hm²。2020 年处于"充分满足"和"满足"状态耕地面积较 2009 年增加 1 129.55 hm² 和 395.75 hm²。

表 5-8　排水能力 2 级地行政区划分布比较（hm²）

乡镇	2009 年				2020 年			
	充分满足	满足	基本满足	不满足	充分满足	满足	基本满足	不满足
安平镇	66.33	—	—	—	237.15	—	—	—
程油子乡	—	—	—	—	271.74	—	—	—
大子文镇	—	—	—	—	36.16	—	—	—
东黄城镇	—	—	—	—	146.81	—	—	—
大何庄乡	—	—	—	—	—	—	—	—
马店镇	—	—	—	—	129.80	174.29	—	—
南王庄镇	—	—	—	—	185.95	221.46	—	—
西两洼乡	—	—	—	—	188.27	—	—	—
全县	66.33	—	—	—	1 195.88	395.75	—	—

（3）农田林网化程度。利用耕地质量等级图对农田林网化栅格数据进行区域统计（表 5-9），安平县 2 级地农田林网化处于"中等"状态。用行政区划图与耕地质量等级图叠加联合形成行政区划耕地质量等级综合图，对农田林网化栅格数据进行区域统计，2 级地中，2020 年农田林网化处于"中等"状态的耕地面积较 2009 年增加 1 525.30 hm²。

表 5-9　农田林网化 2 级地行政区划分布比较（hm²）

乡镇	2009 年		2020 年	
	中等	低等	中等	低等
安平镇	66.33	—	237.15	—
程油子乡	—	—	271.75	—
大子文镇	—	—	36.16	—
东黄城镇	—	—	146.81	—
大何庄乡	—	—	—	—
马店镇	—	—	304.09	—
南王庄镇	—	—	407.40	—
西两洼乡	—	—	188.27	—
全县	66.33	—	1 591.63	—

（4）生物多样性。利用耕地质量等级图对生物多样性栅格数据进行区域统计（表5-10），安平县2级地生物多样性处于"一般"状态。用行政区划图与耕地质量等级图叠加联合形成行政区划耕地质量等级综合图，对生物多样性栅格数据进行区域统计，2级地中，2020年处于"一般"状态的耕地面积较2009年增加1 525.30 hm²，无"不丰富"状态。

表5-10 生物多样性2级地行政区划分布比较（hm²）

乡镇	2009年		2020年	
	一般	不丰富	一般	不丰富
安平镇	66.33	—	237.15	—
程油子乡	—	—	271.75	—
大子文镇	—	—	36.16	—
东黄城镇	—	—	146.81	—
大何庄乡	—	—	—	—
马店镇	—	—	304.09	—
南王庄镇	—	—	407.40	—
西两洼乡	—	—	188.27	—
全县	66.33	—	1 591.63	—

（5）清洁程度。利用耕地质量等级图对清洁程度栅格数据进行区域统计（表5-11），安平县2级地清洁程度处于"清洁"状态。用行政区划图与耕地质量等级图叠加联合形成行政区划耕地质量等级综合图，对清洁程度栅格数据进行区域统计，2020年处于"清洁"状态的耕地面积较2009年增加1 525.30 hm²。

表5-11 清洁程度2级地行政区划分布比较（hm²）

乡镇	2009年	2020年
	清洁	清洁
安平镇	66.33	237.15
程油子乡	—	271.75
大子文镇	—	36.16
东黄城镇	—	146.81
大何庄乡	—	—
马店镇	—	304.09
南王庄镇	—	407.40
西两洼乡	—	188.27
全县	66.33	1 591.63

（6）障碍因素。利用耕地质量等级图对障碍因素栅格数据进行区域统计（表5-12），安平县2级地无障碍因素。用行政区划图与耕地质量等级图叠加联合形成行政区划耕地质量等级综合图，对障碍因素栅格数据进行区域统计，2级地中，2020年无障碍的耕地面积较2009年增加1 525.30 hm²。

表5-12　障碍因素2级地行政区划分布比较（hm²）

乡镇	2009 年		2020 年	
	无	夹砂层	无	夹砂层
安平镇	66.33	—	237.15	—
程油子乡	—	—	271.75	—
大子文镇	—	—	36.16	—
东黄城镇	—	—	146.81	—
大何庄乡	—	—	—	—
马店镇	—	—	304.09	—
南王庄镇	—	—	407.40	—
西两洼乡	—	—	188.27	—
全县	66.33	—	1 591.63	—

（7）盐渍化程度。利用耕地质量等级图对盐渍化程度栅格数据进行区域统计（表5-13），安平县2级地盐渍化程度为无。用行政区划图与耕地质量等级图叠加联合形成行政区划耕地质量等级综合图，对盐渍化程度栅格数据进行区域统计，2级地中，2020年无盐渍化的耕地面积较2009年增加1 525.30 hm²。

表5-13　盐渍化程度2级地行政区划分布比较（hm²）

乡镇	2009 年		2020 年	
	无	轻度	无	轻度
安平镇	66.33	—	237.15	—
程油子乡	—	—	271.75	—
大子文镇	—	—	36.16	—
东黄城镇	—	—	146.81	—
大何庄乡	—	—	—	—
马店镇	—	—	304.09	—
南王庄镇	—	—	407.40	—
西两洼乡	—	—	188.27	—
全县	66.33	—	1 591.63	—

（8）耕层厚度。利用耕地质量等级图对耕层厚度栅格数据进行区域统计（表5-14），安平县2级地耕层厚度处于"［15，20）cm"状态，无"≥20 cm"和"＜15 cm"状态。用行政区划图与耕地质量等级图叠加联合形成行政区划耕地质量等级综合图，对耕层厚度栅格数据进行区域统计，2级地中，2020年耕层厚度［15，20）cm的耕地面积较2009年增加1 525.30 hm²。

表5-14　耕层厚度2级地行政区划分布比较（hm²）

乡镇	2009 年			2020 年		
	≥20 cm	［15，20）cm	＜15 cm	≥20 cm	［15，20）cm	＜15 cm
安平镇	—	66.33	—	—	237.15	—
程油子乡	—	—	—	—	271.75	—
大子文镇	—	—	—	—	36.16	—
东黄城镇	—	—	—	—	146.81	—
大何庄乡	—	—	—	—	—	—
马店镇	—	—	—	—	304.09	—
南王庄镇	—	—	—	—	407.40	—
西两洼乡	—	—	—	—	188.27	—
全县	—	66.33	—	—	1 591.63	—

（9）有机质含量。利用耕地质量等级图对土壤有机质含量栅格数据进行区域统计（表5-15），安平县2级地2009年土壤有机质平均含量为15.13 g/kg，2020年平均为20.61 g/kg。利用行政区划图与耕地质量等级图叠加联合形成行政区划耕地质量等级综

表5-15　有机质含量2级地行政区划分布比较（g/kg）

乡镇	2009 年			2020 年		
	最大值	最小值	平均值	最大值	最小值	平均值
安平镇	15.17	15.09	15.13	24.11	22.95	23.38
程油子乡	—	—	—	22.33	18.15	19.83
大子文镇	—	—	—	21.40	17.98	19.57
东黄城镇	—	—	—	21.40	18.33	19.68
大何庄乡	—	—	—	—	—	—
马店镇	—	—	—	19.18	16.91	18.24
南王庄镇	—	—	—	23.14	18.96	21.27
西两洼乡	—	—	—	24.10	20.06	22.28
全县	15.17	15.09	15.13	24.11	16.91	20.61

合图，对土壤有机质含量栅格数据进行区域统计，2 级地中，2009 年土壤有机质含量变化幅度在 15.09～15.17 g/kg，2020 年土壤有机质含量变化幅度在 16.91～24.11 g/kg；2020 年土壤有机质含量（平均值）较 2009 年增加 5.48 g/kg，提升了 36.22%。

（10）有效磷含量。利用耕地质量等级图对土壤有效磷含量栅格数据进行区域统计（表 5-16），安平县 2 级地 2009 年土壤有效磷平均含量为 12.89 mg/kg，2020 年土壤有效磷平均含量为 13.96 mg/kg。利用行政区划图与耕地质量等级图叠加联合形成行政区划耕地质量等级综合图，对土壤有效磷含量栅格数据进行区域统计，2 级地中，2009 年土壤有效磷含量变化幅度在 12.36～13.23 mg/kg，2020 年土壤有效磷含量变化幅度在 9.23～20.36 mg/kg；2020 年土壤有效磷含量（平均值）较 2009 年增加 1.07 mg/kg，提升了 8.30%。

表 5-16　有效磷含量 2 级地行政区划分布比较（mg/kg）

乡镇	2009 年			2020 年		
	最大值	最小值	平均值	最大值	最小值	平均值
安平镇	13.23	12.36	12.89	12.68	9.36	10.70
程油子乡	—	—	—	17.80	10.85	13.00
大子文镇	—	—	—	19.64	13.25	16.74
东黄城镇	—	—	—	18.93	14.70	16.51
大何庄乡	—	—	—	—	—	—
马店镇	—	—	—	16.84	10.69	13.07
南王庄镇	—	—	—	20.36	13.11	16.19
西两洼乡	—	—	—	13.54	9.23	11.49
全县	13.23	12.36	12.89	20.36	9.23	13.96

（11）速效钾含量。利用耕地质量等级图对土壤速效钾含量栅格数据进行区域统计（表 5-17），安平县 2 级地 2009 年土壤速效钾平均含量为 82.29 mg/kg，2020 年土壤速效钾平均含量为 135.66 mg/kg。利用行政区划图与耕地质量等级图叠加联合形成行政区划耕地质量等级综合图，对土壤速效钾含量栅格数据进行区域统计，2 级地中，2009 年土壤速效钾含量变化幅度在 80.38～83.89 mg/kg，2020 年土壤速效钾含量变化幅度在 62.99～207.58 mg/kg；2020 年土壤速效钾含量（平均值）较 2009 年增加 53.37 mg/kg，提升了 64.86%。

表 5-17 速效钾含量 2 级地行政区划分布比较 （mg/kg）

乡镇	2009 年			2020 年		
	最大值	最小值	平均值	最大值	最小值	平均值
安平镇	83.89	80.38	82.29	115.83	111.33	114.06
程油子乡	—	—	—	131.58	117.33	123.45
大子文镇	—	—	—	182.92	151.66	168.67
东黄城镇	—	—	—	207.58	163.08	183.11
大何庄乡	—	—	—	—	—	—
马店镇	—	—	—	148.17	125.92	136.91
南王庄镇	—	—	—	173.75	79.50	133.15
西两洼乡	—	—	—	115.83	62.99	90.27
全县	83.89	80.38	82.29	207.58	62.99	135.66

（12）pH。利用耕地质量等级图对土壤 pH 栅格数据进行区域统计（表 5-18），安平县 2 级地 2009 年土壤 pH 平均为 8.39，2020 年平均为 8.14。利用行政区划图与耕地质量等级图叠加联合形成行政区划耕地质量等级综合图，对土壤 pH 栅格数据进行区域统计，2 级地中，2009 年土壤 pH 变化幅度在 8.37～8.40，2020 年土壤 pH 变化幅度在 8.03～8.22；较 2009 年，2020 年土壤 pH（平均值）降低 0.25 个单位，降低了 2.98%，说明 2 级地有酸化趋势。

表 5-18　pH 2 级地行政区划分布比较

乡镇	2009 年			2020 年		
	最大值	最小值	平均值	最大值	最小值	平均值
安平镇	8.40	8.37	8.39	8.18	8.15	8.16
程油子乡	—	—	—	8.21	8.16	8.18
大子文镇	—	—	—	8.08	8.03	8.06
东黄城镇	—	—	—	8.20	8.06	8.15
大何庄乡	—	—	—	—	—	—
马店镇	—	—	—	8.20	8.07	8.13
南王庄镇	—	—	—	8.11	8.03	8.07
西两洼乡	—	—	—	8.22	8.17	8.21
全县	8.40	8.37	8.39	8.22	8.03	8.14

（13）土壤容重。利用耕地质量等级图对土壤容重栅格数据进行区域统计（表 5-

19)，安平县 2 级地 2009 年土壤容重平均为 1.36 g/cm³，2020 年土壤容重平均为 1.45 g/cm³。利用行政区划图与耕地质量等级图叠加联合形成行政区划耕地质量等级综合图，对土壤容重栅格数据进行区域统计，2 级地中，2009 年土壤容重变化幅度无变化，为 1.36 g/cm³，2020 年土壤容重变化幅度为 1.42～1.47 g/cm³；2020 年土壤容重（平均值）较 2009 年减少 0.09 g/cm³，降低了 6.62%。

表 5-19　土壤容重 2 级地行政区划分布比较（g/cm³）

乡镇	2009 年			2020 年		
	最大值	最小值	平均值	最大值	最小值	平均值
安平镇	1.36	1.36	1.36	1.46	1.45	1.45
程油子乡	—	—	—	1.44	1.42	1.43
大子文镇	—	—	—	1.46	1.45	1.45
东黄城镇	—	—	—	1.46	1.45	1.46
大何庄乡	—	—	—	—	—	—
马店镇	—	—	—	1.47	1.46	1.46
南王庄镇	—	—	—	1.46	1.45	1.45
西两洼乡	—	—	—	1.47	1.45	1.46
全县	1.36	1.36	1.36	1.47	1.42	1.45

（三）3 级地耕地质量特征

1. 空间分布

3 级地在安平县的具体分布见表 5-20。2009 年，安平县 3 级地面积为 2 167.18 hm²，占耕地总面积的 6.97%；2020 年，3 级地面积为 6 489.94 hm²，占耕地总面积的 20.88%，3 级地面积逐渐增加。2009—2020 年，各乡镇 3 级地面积逐渐增加，其中南王庄镇面积增加最多，为 1 060.72 hm²。

表 5-20　安平县 3 级地的面积与分布状况比较

乡镇	2009 年		2020 年	
	面积（hm²）	占 3 级地面积（%）	面积（hm²）	占 3 级地面积（%）
安平镇	494.85	22.83	612.03	9.43
程油子乡	354.98	16.38	1 317.28	20.31
大子文镇	184.13	8.50	716.06	11.03

（续表）

乡镇	2009 年		2020 年	
	面积（hm²）	占 3 级地面积（%）	面积（hm²）	占 3 级地面积（%）
东黄城镇	403.34	18.61	808.87	12.46
大何庄乡	125.19	5.78	360.49	5.55
马店镇	441.47	20.37	1 259.75	19.41
南王庄镇	0	—	1 060.72	16.34
西两洼乡	163.22	7.53	354.74	5.47
全县	2 167.18	100.00	6 489.94	100.00

2. 属性特征

（1）灌溉能力。利用耕地质量等级图对灌溉能力栅格数据进行区域统计（表5-21），安平县3级地灌溉能力处于"充分满足"和"满足"状态，无"基本满足"和"不满足"状态。用行政区划图与耕地质量等级图叠加联合形成行政区划耕地质量等级综合图，对灌溉能力栅格数据进行区域统计，3级地中，2020年处于"充分满足"状态的耕地面积较2009年增加3 414.23 hm²，处于"满足"状态的耕地面积增加908.53 hm²。

表5-21　灌溉能力3级地行政区划分布比较（hm²）

乡镇	2009 年				2020 年			
	充分满足	满足	基本满足	不满足	充分满足	满足	基本满足	不满足
安平镇	494.85	—	—	—	611.23	0.80	—	—
程油子乡	210.22	144.76	—	—	230.06	1 087.22	—	—
大子文镇	184.13	—	—	—	716.06		—	—
东黄城镇	403.34	—	—	—	808.87		—	—
大何庄乡	125.19	—	—	—	360.49		—	—
马店镇	441.47	—	—	—	1 259.76		—	—
南王庄镇	—	—	—	—	1 060.71		—	—
西两洼乡	128.49	34.73	—	—	354.74		—	—
全县	1 987.69	179.49	—	—	5 401.92	1 088.02	—	—

（2）排水能力。利用耕地质量等级图对排水能力栅格数据进行区域统计（表5-22），安平县3级地排水能力处于"充分满足""满足"和"基本满足"状态，无"不

满足"状态。用行政区划图与耕地质量等级图叠加联合形成行政区划耕地质量等级综合图，对排水能力栅格数据进行区域统计，3级地中，2020年处于"充分满足"状态耕地面积较2009年增加3 151.80 hm²，处于"满足"状态的耕地面积增加1 255.53 hm²，处于"基本满足"状态的耕地面积减少84.57 hm²。

表5-22　排水能力3级地行政区划分布比较（hm²）

乡镇	2009年				2020年			
	充分满足	满足	基本满足	不满足	充分满足	满足	基本满足	不满足
安平镇	—	429.37	65.47	—	611.23	0.80	—	—
程油子乡	210.22	125.67	19.10	—	230.06	1 087.23	—	—
大子文镇		184.13	—		147.97	568.08		
东黄城镇	213.34	190.00	—		808.87	—		
大何庄乡		125.19			124.36	236.13		
马店镇	62.58	378.89	—		820.63	439.13		
南王庄镇	—	—			540.08	520.63		
西两洼乡	—	163.22			354.74	—		
全县	486.14	1 596.47	84.57	—	3 637.94	2 852.00		

（3）农田林网化。利用耕地质量等级图对农田林网化栅格数据进行区域统计（表5-23），安平县3级地农田林网化处于"中等"和"低等"状态。用行政区划图与耕地质量等级图叠加联合形成行政区划耕地质量等级综合图，对农田林网化栅格数据进行区域统计，3级地中，2020年农田林网化处于"中等"状态的耕地面积较2009年增加5 380.33 hm²，处于"低等"状态的耕地面积减少1 057.57 hm²。

表5-23　农田林网化3级地行政区划分布比较（hm²）

乡镇	2009年		2020年	
	中等	低等	中等	低等
安平镇	420.12	74.71	611.23	0.80
程油子乡	125.67	229.31	1 317.29	—
大子文镇	184.13	—	716.06	—
东黄城镇	—	403.36	808.87	—
大何庄乡	—	125.19	360.49	—
马店镇	378.89	62.58	1 259.75	—
南王庄镇	—	—	1 060.71	—
西两洼乡	—	163.22	354.74	—
全县	1 108.81	1 058.37	6 489.14	0.80

（4）生物多样性。利用耕地质量等级图对生物多样性栅格数据进行区域统计（表5-24），安平县3级地生物多样性处于"一般"和"不丰富"状态。用行政区划图与耕地质量等级图叠加联合形成行政区划耕地质量等级综合图，对生物多样性栅格数据进行区域统计，3级地中，2020年处于"一般"状态的耕地面积较2009年增加5 043.30 hm²，处于"不丰富"状态的耕地面积减少720.54 hm²。

表5-24 生物多样性3级地行政区划分布比较（hm²）

乡镇	2009年		2020年	
	一般	不丰富	一般	不丰富
安平镇	429.37	65.47	612.03	—
程油子乡	335.88	19.10	1 317.29	—
大子文镇	—	184.13	716.06	—
东黄城镇	270.62	132.73	808.87	—
大何庄乡	125.19	—	360.49	—
马店镇	250.85	190.62	1 259.75	—
南王庄镇	—	—	1 060.71	—
西两洼乡	34.73	128.49	354.74	—
全县	1 446.64	720.54	6 489.94	—

（5）清洁程度。利用耕地质量等级图对清洁程度栅格数据进行区域统计（表5-25），安平县3级地清洁程度处于"清洁"状态。用行政区划图与耕地质量等级图叠加联合形成行政区划耕地质量等级综合图，对清洁程度栅格数据进行区域统计，2020年处于"清洁"状态的耕地面积较2009年增加4 322.76 hm²。

表5-25 清洁程度3级地行政区划分布比较（hm²）

乡镇	2009年	2020年
	清洁	清洁
安平镇	494.85	612.03
程油子乡	354.98	1 317.29
大子文镇	184.13	716.06
东黄城镇	403.34	808.87
大何庄乡	125.19	360.49
马店镇	441.47	1 259.75
南王庄镇	—	1 060.71
西两洼乡	163.22	354.74
全县	2 167.18	6 489.94

（6）障碍因素。利用耕地质量等级图对障碍因素栅格数据进行区域统计（表5-26），安平县3级地基本无明显障碍，部分耕地存在障碍层次"夹砂层"。用行政区划图与耕地质量等级图叠加联合形成行政区划耕地质量等级综合图，对障碍因素栅格数据进行区域统计，3级地中，2020年无障碍因素的耕地面积较2009年增加3 875.98 hm²，存在障碍因素的耕地面积增加446.78 hm²。

表5-26　障碍因素3级地行政区划分布比较（hm²）

乡镇	2009年		2020年	
	无	夹砂层	无	夹砂层
安平镇	420.12	74.71	612.03	—
程油子乡	354.98	—	1 317.29	—
大子文镇	184.13	—	476.53	239.52
东黄城镇	322.73	80.62	808.87	—
大何庄乡	125.19	—	192.27	168.22
马店镇	441.48	—	1 259.76	—
南王庄镇	—	—	866.34	194.37
西两洼乡	163.22	—	354.74	—
全县	2 011.85	155.33	5 887.83	602.11

（7）盐渍化程度。利用耕地质量等级图对盐渍化程度栅格数据进行区域统计（表5-27），安平县3级地盐渍化程度为无。用行政区划图与耕地质量等级图叠加联合形成行政区划耕地质量等级综合图，对盐渍化程度栅格数据进行区域统计，3级地中，2020年具有盐渍化的耕地面积较2009年增加4 322.76 hm²。

表5-27　盐渍化程度3级地行政区划分布比较（hm²）

乡镇	2009年		2020年	
	无	轻度	无	轻度
安平镇	494.84	—	612.03	—
程油子乡	354.98	—	1 317.29	—
大子文镇	184.13	—	716.06	—
东黄城镇	403.34	—	808.87	—
大何庄乡	125.19	—	360.49	—
马店镇	441.48	—	1 259.75	—
南王庄镇	—	—	1 060.71	—

（续表）

乡镇	2009 年		2020 年	
	无	轻度	无	轻度
西两洼乡	163.22	—	354.74	—
全县	2 167.18	—	6 489.94	—

（8）耕层厚度。利用耕地质量等级图对耕层厚度栅格数据进行区域统计（表5-28），安平县3级地耕层厚度基本处于≥20 cm状态。用行政区划图与耕地质量等级图叠加联合形成行政区划耕地质量等级综合图，对耕层厚度栅格数据进行区域统计，3级地中，2020年耕层厚度≥20 cm的耕地面积较2009年增加4 322.76 hm²。

表 5-28　耕层厚度 3 级地行政区划分布比较（hm²）

乡镇	2009 年			2020 年		
	≥20 cm	[15, 20) cm	<15 cm	≥20 cm	[15, 20) cm	<15 cm
安平镇	494.84	—	—	612.03	—	—
程油子乡	354.98	—	—	1 317.29	—	—
大子文镇	184.13	—	—	716.06	—	—
东黄城镇	403.34	—	—	808.87	—	—
大何庄乡	125.19	—	—	360.49	—	—
马店镇	441.48	—	—	1 259.75	—	—
南王庄镇	—	—	—	1 060.71	—	—
西两洼乡	163.22	—	—	354.74	—	—
全县	2 167.18	—	—	6 489.94	—	—

（9）有机质含量。利用耕地质量等级图对土壤有机质含量栅格数据进行区域统计（表5-29），安平县3级地2009年土壤有机质平均含量为14.70 g/kg，2020年土壤有机质含量平均为20.54 g/kg。利用行政区划图与耕地质量等级图叠加联合形成行政区划耕地质量等级综合图，对土壤有机质含量栅格数据进行区域统计，3级地中，2009年土壤有机质含量变化幅度在12.40～16.44 g/kg，2020年土壤有机质含量变化幅度在16.01～26.29 g/kg；2020年土壤有机质含量（平均值）较2009年增加5.84 g/kg，提升39.73%。

表 5-29　有机质含量 3 级地行政区划分布比较（g/kg）

乡镇	2009 年			2020 年		
	最大值	最小值	平均值	最大值	最小值	平均值
安平镇	16.44	14.80	15.32	26.29	17.27	21.40
程油子乡	15.69	13.61	15.01	23.31	17.60	20.62
大子文镇	14.71	14.11	14.47	25.16	17.74	20.28
东黄城镇	14.47	12.40	13.43	22.49	17.50	20.30
大何庄乡	15.61	14.53	14.84	21.86	17.46	19.25
马店镇	16.12	13.53	14.49	23.38	16.01	18.41
南王庄镇	—	—	—	25.16	18.88	21.92
西两洼乡	16.34	15.07	15.37	24.53	18.11	22.12
全县	16.44	12.40	14.70	26.29	16.01	20.54

（10）有效磷含量。利用耕地质量等级图对土壤有效磷含量栅格数据进行区域统计（表 5-30），安平县 3 级地 2009 年土壤有效磷平均含量为 14.52 mg/kg，2020 年土壤有效磷平均含量为 13.57 mg/kg。利用行政区划图与耕地质量等级图叠加联合形成行政区划耕地质量等级综合图，对土壤有效磷含量栅格数据进行区域统计，3 级地中，2009 年土壤有效磷含量变化幅度在 8.42～18.44 mg/kg，2020 年土壤有效磷含量变化幅度在 8.14～31.20 mg/kg；2020 年土壤有效磷含量（平均值）较 2009 年减少 0.95 mg/kg，降低了 6.54%。

表 5-30　有效磷含量 3 级地行政区划分布比较（mg/kg）

乡镇	2009 年			2020 年		
	最大值	最小值	平均值	最大值	最小值	平均值
安平镇	15.19	11.45	13.10	15.74	9.22	11.74
程油子乡	12.83	8.42	10.97	23.08	8.14	11.32
大子文镇	18.44	15.43	17.31	31.20	11.48	16.00
东黄城镇	17.81	13.03	15.39	29.58	13.17	18.15
大何庄乡	16.09	14.01	14.99	17.96	9.09	12.32
马店镇	18.37	12.39	15.74	18.43	9.40	12.78
南王庄镇	—	—	—	19.48	12.83	15.61
西两洼乡	15.17	13.21	14.12	12.13	9.50	10.64
全县	18.44	8.42	14.52	31.20	8.14	13.57

（11）速效钾含量。利用耕地质量等级图对土壤速效钾含量栅格数据进行区域统计（表5-31），安平县3级地2009年土壤速效钾平均含量为99.14 mg/kg，2020年土壤速效钾平均含量为118.06 mg/kg。利用行政区划图与耕地质量等级图叠加联合形成行政区划耕地质量等级综合图，对土壤速效钾含量栅格数据进行区域统计，3级地中，2009年土壤速效钾含量变化幅度在72.90～117.75 mg/kg，2020年土壤速效钾含量变化幅度在67.17～438.96 mg/kg；2020年土壤速效钾含量（平均值）较2009年增加18.92 mg/kg，提升了22.27%。

表5-31　速效钾含量3级地行政区划分布比较（mg/kg）

乡镇	2009年			2020年		
	最大值	最小值	平均值	最大值	最小值	平均值
安平镇	89.13	75.90	81.27	164.58	69.71	100.58
程油子乡	117.75	98.43	109.84	169.24	88.33	106.70
大子文镇	112.40	104.24	108.78	182.92	85.42	130.40
东黄城镇	117.35	106.03	113.11	438.96	125.25	180.43
大何庄乡	100.87	91.10	96.21	190.83	89.42	122.80
马店镇	113.71	72.90	99.83	160.68	93.19	121.22
南王庄镇	—	—	—	126.58	75.50	92.64
西两洼乡	90.44	80.14	84.94	139.41	67.17	89.71
全县	117.75	72.90	99.14	438.96	67.17	118.06

（12）pH。利用耕地质量等级图对土壤pH栅格数据进行区域统计（表5-32），安平县3级地2009年土壤pH平均为8.26，2020年土壤pH平均为8.15。利用行政区划图与耕地质量等级图叠加联合形成行政区划耕地质量等级综合图，对土壤pH栅格数据进行区域统计，3级地中，2009年土壤pH变化幅度在8.04～8.49，2020年土壤pH变化幅度在8.00～8.28；2020年土壤pH（平均值）较2009年降低0.11个单位，降低了1.33%。

表5-32　pH 3级地行政区划分布比较

乡镇	2009年			2020年		
	最大值	最小值	平均值	最大值	最小值	平均值
安平镇	8.45	8.25	8.38	8.28	8.17	8.23
程油子乡	8.49	8.27	8.38	8.23	8.13	8.18
大子文镇	8.09	8.04	8.06	8.11	8.00	8.05

（续表）

乡镇	2009 年			2020 年		
	最大值	最小值	平均值	最大值	最小值	平均值
东黄城镇	8.40	8.06	8.28	8.23	8.06	8.14
大何庄乡	8.20	8.14	8.16	8.28	8.08	8.18
马店镇	8.28	8.15	8.21	8.28	8.05	8.16
南王庄镇	—	—	—	8.13	8.03	8.09
西两洼乡	8.41	8.32	8.38	8.25	8.16	8.20
全县	8.49	8.04	8.26	8.28	8.00	8.15

（13）土壤容重。利用耕地质量等级图对土壤容重栅格数据进行区域统计（表5-33），安平县 3 级地 2009 年土壤容重平均为 1.42 g/cm^3，2020 年土壤容重平均为 1.46 g/cm^3。利用行政区划图与耕地质量等级图叠加联合形成行政区划耕地质量等级综合图，对土壤容重栅格数据进行区域统计，3 级地中，2009 年土壤容重变化幅度在 1.26～1.53 g/cm^3，2020 年土壤容重变化幅度在 1.42～1.47 g/cm^3；2020 年土壤容重（平均值）较 2009 年增加 0.04 g/cm^3，提升了 2.82%。

表 5-33　土壤容重 3 级地行政区划分布比较（g/cm^3）

乡镇	2009 年			2020 年		
	最大值	最小值	平均值	最大值	最小值	平均值
安平镇	1.44	1.34	1.38	1.47	1.45	1.46
程油子乡	1.42	1.37	1.40	1.45	1.42	1.43
大子文镇	1.48	1.26	1.44	1.46	1.45	1.46
东黄城镇	1.48	1.41	1.43	1.46	1.45	1.46
大何庄乡	1.46	1.42	1.44	1.47	1.44	1.45
马店镇	1.53	1.40	1.45	1.47	1.45	1.46
南王庄镇	—	—	—	1.46	1.45	1.46
西两洼乡	1.45	1.34	1.38	1.47	1.45	1.46
全县	1.53	1.26	1.42	1.47	1.42	1.46

（四）4 级地耕地质量特征

1. 空间分布

2009 年，4 级地面积为 4 179.07 hm^2，占耕地总面积的 13.45%；2020 年，4 级地

面积为 4 626.13 hm², 占耕地总面积的 14.89%, 4 级地面积逐渐增加。4 级地在安平县的具体分布见表 5-34, 与 2009 年相比, 2020 年安平县大子文镇、东黄城镇、大何庄乡和马店镇 4 级地面积明显增加增加, 其中大何庄乡面积增加最多为 698.48 hm²。

表 5-34 安平县 4 级地的面积与分布状况比较

乡镇	2009 年		2020 年	
	面积（hm²）	占 4 级地面积（%）	面积（hm²）	占 4 级地面积（%）
安平镇	287.24	6.87	248.67	5.38
程油子乡	811.77	19.42	524.81	11.34
大子文镇	532.61	12.74	808.55	17.48
东黄城镇	487.19	11.66	512.51	11.08
大何庄乡	122.77	2.94	821.25	17.75
马店镇	877.64	21.01	953.12	20.60
南王庄镇	634.93	15.19	618.71	13.37
西两洼乡	424.92	10.17	138.51	3.00
全县	4 179.07	100.00	4 626.13	100.00

2. 属性特征

（1）灌溉能力。利用耕地质量等级图对灌溉能力栅格数据进行区域统计（表 5-35），安平县 4 级地灌溉能力处于"充分满足""满足"和"基本满足"状态。用行政区划图与耕地质量等级图叠加联合形成行政区划耕地质量等级综合图，对灌溉能力栅格数据进行区域统计，4 级地中，2020 年处于"充分满足"状态的耕地面积较 2009 年增加了 826.99 hm²，处于"满足"状态的耕地面积减少 588.58 hm²，处于"基本满足"状态的耕地面积增加 208.65 hm²，没有处于"不满足"状态的耕地面积。

表 5-35 灌溉能力 4 级地行政区划分布比较（hm²）

乡镇	2009 年				2020 年			
	充分满足	满足	基本满足	不满足	充分满足	满足	基本满足	不满足
安平镇	248.14	39.10	—	—	133.99	68.13	46.55	—
程油子乡	66.15	668.75	76.86	—	—	396.24	128.57	—
大子文镇	—	532.61	—	—	583.60	216.39	8.56	—
东黄城镇	437.33	49.86	—	—	6.38	245.04	261.09	—
大何庄乡	43.03	79.74	—	—	683.24	89.73	48.29	—
马店镇	365.37	398.06	114.21	—	547.82	340.83	64.47	—

（续表）

乡镇	2009 年				2020 年			
	充分满足	满足	基本满足	不满足	充分满足	满足	基本满足	不满足
南王庄镇	440. 56	194. 37	—	—	429. 78	188. 92	—	—
西两洼乡	—	267. 12	157. 81	—	42. 76	95. 75	—	—
全县	1 600. 58	2 229. 61	348. 88	—	2 427. 57	1 641. 03	557. 53	—

（2）排水能力。利用耕地质量等级图对排水能力栅格数据进行区域统计（表5-36），安平县 4 级地排水能力处于"充分满足""满足"和"基本满足"状态。用行政区划图与耕地质量等级图叠加联合形成行政区划耕地质量等级综合图，对排水能力栅格数据进行区域统计，4 级地中，2020 年处于"充分满足"状态的耕地面积较 2009 年增加346. 88hm²，处于"满足"状态的耕地面积增加 1 052. 29 hm²，处于"基本满足"状态的耕地面积减少952. 11 hm²，没有处于"不满足"状态耕地面积。

表 5-36　排水能力 4 级地行政区划分布比较（hm²）

乡镇	2009 年				2020 年			
	充分满足	满足	基本满足	不满足	充分满足	满足	基本满足	不满足
安平镇	—	233. 76	53. 48	—	133. 99	68. 13	46. 55	—
程油子乡	—	531. 43	280. 34	—	—	396. 24	128. 57	—
大子文镇	—	347. 24	185. 38	—	—	799. 99	8. 56	—
东黄城镇	16. 39	108. 26	362. 53	—	6. 38	119. 54	386. 59	—
大何庄乡	—	122. 77	—	—	35. 35	737. 61	48. 29	—
马店镇	88. 02	483. 76	305. 86	—	232. 81	464. 21	256. 11	—
南王庄镇	—	—	634. 93	—	—	618. 70	—	—
西两洼乡	—	357. 27	67. 65	—	42. 76	32. 36	63. 39	—
全县	104. 41	2 184. 49	1 890. 17	—	451. 29	3 236. 78	938. 06	—

（3）农田林网化。利用耕地质量等级图对农田林网化栅格数据进行区域统计（表5-37），安平县 4 级地农田林网化处于"中等"和"低等"状态。用行政区划图与耕地质量等级图叠加联合形成行政区划耕地质量等级综合图，对农田林网化栅格数据进行区域统计，4 级地中，2020 年农田林网化处于"中等"状态的耕地面积较 2009 年增加2 052. 15 hm²，处于"低等"状态的耕地面积增加减少 1 605. 09 hm²。

表 5-37 农田林网化 4 级地行政区划分布比较（hm²）

乡镇	2009 年		2020 年	
	中等	低等	中等	低等
安平镇	53.48	233.76	133.99	114.68
程油子乡	301.85	509.92	345.28	179.53
大子文镇	—	532.61	583.60	224.95
东黄城镇	—	487.19	6.38	506.13
大何庄乡	—	122.77	683.24	138.02
马店镇	365.37	512.27	547.82	405.30
南王庄镇	—	634.93	429.78	188.92
西两洼乡	—	424.92	42.76	95.75
全县	720.70	3 458.37	2 772.85	1 853.28

（4）生物多样性。利用耕地质量等级图对生物多样性栅格数据进行区域统计（表5-38），安平县 4 级地生物多样性处于"一般"和"不丰富"状态。用行政区划图与耕地质量等级图叠加联合形成行政区划耕地质量等级综合图，对生物多样性栅格数据进行区域统计，4 级地中，2020 年处于"一般"状态的耕地面积较 2009 年增加1 304.45 hm²，处于"不丰富"状态的耕地面积减少857.39 hm²。

表 5-38 生物多样性 4 级地行政区划分布比较（hm²）

乡镇	2009 年		2020 年	
	一般	不丰富	一般	不丰富
安平镇	233.76	53.48	248.67	—
程油子乡	553.87	257.91	524.81	—
大子文镇	532.61	—	808.55	—
东黄城镇	487.19	—	512.51	—
大何庄乡	122.77	—	821.25	—
马店镇	647.93	229.70	953.14	—
南王庄镇	318.63	316.30	618.70	—
西两洼乡	424.92	—	138.50	—
全县	3 321.68	857.39	4 626.13	—

（5）清洁程度。利用耕地质量等级图对清洁程度栅格数据进行区域统计（表5-39），安平县 4 级地清洁程度处于"清洁"状态。用行政区划图与耕地质量等级图叠加

联合形成行政区划耕地质量等级综合图，对清洁程度栅格数据进行区域统计，2020 年处于"清洁"状态的耕地面积较 2009 年增加 447.06 hm²。

表 5-39 清洁程度 4 级地行政区划分布比较（hm²）

乡镇	2009 年	2020 年
	清洁	清洁
安平镇	287.24	248.67
程油子乡	811.77	524.81
大子文镇	532.61	808.55
东黄城镇	487.19	512.51
大何庄乡	122.77	821.25
马店镇	877.64	953.14
南王庄镇	634.93	618.70
西两洼乡	424.92	138.50
全县	4 179.07	4 626.13

（6）障碍因素。利用耕地质量等级图对障碍因素栅格数据进行区域统计（表 5-40），安平县 4 级地基本无明显障碍，部分耕地存在障碍层次"夹砂层"。用行政区划图与耕地质量等级图叠加联合形成行政区划耕地质量等级综合图，对障碍因素栅格数据进行区域统计，4 级地中，2020 年无障碍因素的耕地面积较 2009 年减少 28.53 hm²，存在障碍因素的耕地面积增加 745.59 hm²。

表 5-40 障碍因素 4 级地行政区划分布比较（hm²）

乡镇	2009 年		2020 年	
	无	夹砂层	无	夹砂层
安平镇	92.58	194.66	248.67	—
程油子乡	798.37	13.41	524.81	—
大子文镇	532.61	—	538.29	270.26
东黄城镇	470.79	16.39	512.51	—
大何庄乡	122.77	—	821.25	—
马店镇	877.64	—	953.13	—
南王庄镇	634.93	—	188.92	429.79
西两洼乡	424.92	—	138.50	—
全县	3 954.61	224.46	3 926.08	700.05

（7）盐渍化程度。利用耕地质量等级图对盐渍化程度栅格数据进行区域统计（表5-41），安平县4级地盐渍化程度处于"无"状态和"轻度"状态。用行政区划图与耕地质量等级图叠加联合形成行政区划耕地质量等级综合图，对盐渍化程度栅格数据进行区域统计，4级地中，2020年无盐渍化的耕地面积较2009年增加586.99 hm²；2020年无轻度盐渍化耕地面积，较2009年减少121.93 hm²。

表5-41　盐渍化程度4级地行政区划分布比较（hm²）

乡镇	2009年		2020年	
	无	轻度	无	轻度
安平镇	287.24	—	248.67	—
程油子乡	811.77	—	524.81	—
大子文镇	532.61	—	808.55	—
东黄城镇	487.19	—	512.51	—
大何庄乡	122.77	—	821.25	—
马店镇	877.64	—	953.14	—
南王庄镇	513.00	121.93	618.70	—
西两洼乡	424.92	—	138.50	—
全县	4 057.14	121.93	4 626.13	—

（8）耕层厚度。利用耕地质量等级图对耕层厚度栅格数据进行区域统计（表5-42），安平县4级地耕层厚度处于"≥20 cm""［15，20）cm"和"＜15 cm"状态。用行政区划图与耕地质量等级图叠加联合形成行政区划耕地质量等级综合图，对耕层厚度栅格数据进行区域统计，4级地中，2020年耕层厚度≥20 cm的耕地面积较2009年增加721.74 hm²，耕层厚度为［15，20）cm的耕地面积减少120.57 hm²，耕层厚度＜15 cm的耕地面积减少154.11 hm²。

表5-42　耕层厚度4级地行政区划分布比较（hm²）

乡镇	2009年			2020年		
	≥20 cm	［15，20）cm	＜15 cm	≥20 cm	［15，20）cm	＜15 cm
安平镇	287.24	—	—	248.67	—	—
程油子乡	537.08	120.57	154.11	524.81	—	—
大子文镇	532.61	—	—	808.55	—	—
东黄城镇	487.19	—	—	512.51	—	—
大何庄乡	122.77	—	—	821.25	—	—

（续表）

乡镇	2009 年			2020 年		
	≥20 cm	[15，20）cm	<15 cm	≥20 cm	[15，20）cm	<15 cm
马店镇	877.65	—	—	953.14	—	—
南王庄镇	634.93	—	—	618.70	—	—
西两洼乡	424.92	—	—	138.50	—	—
全县	3 904.39	120.57	154.11	4 626.13	—	—

（9）有机质含量。利用耕地质量等级图对土壤有机质含量栅格数据进行区域统计（表 5-43），安平县 4 级地 2009 年土壤有机质平均含量为 14.72 g/kg，2020 年土壤有机质平均含量为 20.50 g/kg。利用行政区划图与耕地质量等级图叠加联合形成行政区划耕地质量等级综合图，对土壤有机质含量栅格数据进行区域统计，4 级地中，2009 年土壤有机质含量变化幅度在 12.54～16.82 g/kg，2020 年土壤有机质含量变化幅度在 16.20～25.75 g/kg；2020 年土壤有机质含量（平均值）较 2009 年增加 5.78 g/kg，提升了 39.27%。

表 5-43　有机质含量 4 级地行政区划分布比较（g/kg）

乡镇	2009 年			2020 年		
	最大值	最小值	平均值	最大值	最小值	平均值
安平镇	16.44	13.45	14.41	25.75	16.20	19.85
程油子乡	16.09	12.54	14.44	22.49	18.15	20.84
大子文镇	15.83	14.35	15.32	23.30	17.55	20.62
东黄城镇	15.35	13.19	14.08	22.05	17.98	20.11
大何庄乡	15.15	14.23	14.72	21.86	17.13	19.41
马店镇	16.18	13.51	14.34	23.38	16.59	18.75
南王庄镇	15.86	14.25	14.93	24.30	18.40	22.09
西两洼乡	16.82	15.10	15.55	25.75	20.06	22.35
全县	16.82	12.54	14.72	25.75	16.20	20.50

（10）有效磷含量。利用耕地质量等级图对土壤有效磷含量栅格数据进行区域统计（表 5-44），安平县 4 级地 2009 年土壤有效磷平均含量为 14.37 mg/kg，2020 年土壤有效磷平均含量为 14.24 mg/kg。利用行政区划图与耕地质量等级图叠加联合形成行政区划耕地质量等级综合图，对土壤有效磷含量栅格数据进行区域统计，4 级地中，2009 年土壤有效磷含量变化幅度在 8.77～18.49 mg/kg，2020 年土壤有效磷含量变化幅度在 8.46～

28.65 mg/kg；2020 年土壤有效磷含量（平均值）较 2009 年减少了 0.13 mg/kg，降低了 0.90%。

表 5-44 有效磷含量 4 级地行政区划分布比较（mg/kg）

乡镇	2009 年			2020 年		
	最大值	最小值	平均值	最大值	最小值	平均值
安平镇	15.22	10.56	12.66	16.42	8.64	12.89
程油子乡	15.10	8.77	11.79	18.65	8.46	11.20
大子文镇	18.21	13.68	15.40	28.65	11.47	18.53
东黄城镇	17.70	12.29	15.49	25.57	12.06	17.71
大何庄乡	16.48	13.97	15.12	19.35	9.65	12.94
马店镇	18.49	12.43	15.16	18.46	9.42	13.42
南王庄镇	17.01	13.64	15.70	19.55	14.73	16.56
西两洼乡	15.26	11.96	13.63	11.91	9.80	10.63
全县	18.49	8.77	14.37	28.65	8.46	14.24

（11）速效钾含量。利用耕地质量等级图对土壤速效钾含量栅格数据进行区域统计（表 5-45），安平县 4 级地 2009 年土壤速效钾平均含量为 97.81 mg/kg，2020 年土壤速效钾平均含量为 118.67 mg/kg。利用行政区划图与耕地质量等级图叠加联合形成行政区划耕地质量等级综合图，对土壤速效钾含量栅格数据进行区域统计，4 级地中，2009 年土壤速效钾含量变化幅度在 71.49～125.81 mg/kg，2020 年土壤速效钾含量变化幅度在 60.91～226.50 mg/kg；2020 年土壤速效钾平均含量较 2009 年增加 20.86 mg/kg，提升了 21.33%。

表 5-45 速效钾含量 4 级地行政区划分布比较（mg/kg）

乡镇	2009 年			2020 年		
	最大值	最小值	平均值	最大值	最小值	平均值
安平镇	96.04	76.55	88.72	168.08	80.00	121.08
程油子乡	125.81	75.94	105.42	131.58	79.67	102.14
大子文镇	106.26	89.47	95.01	182.00	85.42	129.45
东黄城镇	113.72	92.20	106.33	226.50	142.33	188.62
大何庄乡	97.92	90.10	94.38	151.58	84.80	120.01
马店镇	118.20	71.49	102.56	144.83	82.00	118.45
南王庄镇	112.12	89.56	103.61	83.42	76.25	79.11
西两洼乡	100.48	79.38	86.43	115.83	60.91	90.47
全县	125.81	71.49	97.81	226.50	60.91	118.67

（12）pH。利用耕地质量等级图对土壤 pH 栅格数据进行区域统计（表 5-46），安平县 4 级地 2009 年土壤 pH 平均为 8.23，2020 年土壤 pH 为 8.15。利用行政区划图与耕地质量等级图叠加联合形成行政区划耕地质量等级综合图，对土壤 pH 栅格数据进行区域统计，4 级地中，2009 年土壤 pH 变化幅度在 7.98～8.53，2020 年土壤 pH 变化幅度在 8.00～8.28；2020 年土壤 pH（平均值）较 2009 年减少 0.08 个单位，降低了 0.97%。

表 5-46　pH4 级地行政区划分布比较

乡镇	2009 年			2020 年		
	最大值	最小值	平均值	最大值	最小值	平均值
安平镇	8.44	8.23	8.31	8.28	8.17	8.22
程油子乡	8.53	8.21	8.39	8.23	8.15	8.18
大子文镇	8.14	7.98	8.08	8.13	8.00	8.06
东黄城镇	8.35	8.12	8.22	8.21	8.07	8.13
大何庄乡	8.18	8.14	8.16	8.28	8.07	8.16
马店镇	8.26	8.15	8.21	8.28	8.05	8.13
南王庄镇	8.16	8.04	8.10	8.13	8.10	8.11
西两洼乡	8.41	8.31	8.37	8.23	8.17	8.20
全县	8.53	7.98	8.23	8.28	8.00	8.15

（13）土壤容重。利用耕地质量等级图对土壤容重栅格数据进行区域统计（表 5-47），安平县 4 级地 2009 年土壤容重平均为 1.44 g/cm³，2020 年土壤容重平均为 1.45 g/cm³。利用行政区划图与耕地质量等级图叠加联合形成行政区划耕地质量等级综合图，对土壤容重栅格数据进行区域统计，4 级地中，2009 年土壤容重变幅在 1.32～1.52 g/cm³，2020 年土壤容重变幅在 1.42～1.47 g/cm³；2020 年土壤容重（平均值）较 2009 年增加 0.01 g/cm³，提升了 0.69%。

表 5-47　土壤容重 4 级地行政区划分布比较（g/cm³）

乡镇	2009 年			2020 年		
	最大值	最小值	平均值	最大值	最小值	平均值
安平镇	1.47	1.34	1.41	1.47	1.45	1.45
程油子乡	1.51	1.32	1.41	1.44	1.42	1.43
大子文镇	1.52	1.43	1.49	1.47	1.45	1.46
东黄城镇	1.48	1.40	1.44	1.47	1.45	1.46
大何庄乡	1.47	1.42	1.44	1.46	1.44	1.45

（续表）

乡镇	2009 年			2020 年		
	最大值	最小值	平均值	最大值	最小值	平均值
马店镇	1.49	1.37	1.45	1.47	1.45	1.46
南王庄镇	1.52	1.41	1.49	1.46	1.45	1.45
西两洼乡	1.46	1.36	1.40	1.46	1.45	1.46
全县	1.52	1.32	1.44	1.47	1.42	1.45

（五）5 级地耕地质量特征

1. 空间分布

2009 年，5 级地面积为 13 621.20 hm²，占耕地总面积的 43.84%；2020 年，5 级地面积为 12 841.68 hm²，占耕地总面积的 41.33%，5 级地面积逐渐减少。5 级地在安平县的具体分布见表 5-48，2009—2020 年，程油子乡、东黄城镇、马店镇、南王庄镇和西两洼乡 5 级地面积逐渐减少；安平镇、大子文镇和大何庄乡面积逐渐增加，其中大子文镇面积增加最多为 511.86 hm²。

表 5-48　安平县 5 级地的面积与分布状况比较

乡镇	2009 年		2020 年	
	面积（hm²）	占 5 级地面积（%）	面积（hm²）	占 5 级地面积（%）
安平镇	1 556.94	11.43	1 747.77	13.61
程油子乡	2 572.38	18.89	1 872.66	14.58
大子文镇	1 193.91	8.77	1 705.77	13.28
东黄城镇	807.15	5.93	662.68	5.16
大何庄乡	1 563.15	11.48	1 934.27	15.06
马店镇	2 002.00	14.69	1 431.74	11.15
南王庄镇	2 402.40	17.64	2 195.43	17.10
西两洼乡	1 523.27	11.17	1 291.36	10.06
全县	13 621.20	100.00	12 841.68	100.00

2. 属性特征

（1）灌溉能力。利用耕地质量等级图对灌溉能力栅格数据进行区域统计

（表 5-49），安平县 5 级地灌溉能力处于"充分满足""满足"和"基本满足"状态。用行政区划图与耕地质量等级图叠加联合形成行政区划耕地质量等级综合图，对灌溉能力栅格数据进行区域统计，5 级地中，2020 年处于"充分满足"状态的耕地面积较2009 年减少 170.59 hm²，处于"满足"状态的耕地面积减少 1 786.89 hm²，处于"基本满足"状态的耕地面积增加 1 177.96 hm²，没有处于"不满足"状态的耕地。

表 5-49　灌溉能力 5 级地行政区划分布比较（hm²）

乡镇	2009 年				2020 年			
	充分满足	满足	基本满足	不满足	充分满足	满足	基本满足	不满足
安平镇	—	263.65	1 293.30	—	—	233.82	1 513.95	—
程油子乡	—	482.54	2 089.84	—	—	190.59	1 682.09	—
大子文镇	—	270.81	923.10	—	—	107.23	1 598.54	—
东黄城镇	—	343.60	463.55	—	—	27.03	635.64	—
大何庄乡	—	386.12	1 177.04	—	—	322.21	1 612.06	—
马店镇	—	404.32	1 597.67	—	—	77.37	1 354.37	—
南王庄镇	170.59	805.83	1 425.96	—	—	209.26	1 986.17	—
西两洼乡	—	344.00	1 179.28	—	—	346.47	944.88	—
全县	170.59	3 300.87	10 149.74	—	—	1 513.98	11 327.70	—

（2）排水能力。利用耕地质量等级图对排水能力栅格数据进行区域统计（表 5-50），安平县 5 级地排水能力处于"满足"和"基本满足"状态。用行政区划图与耕地质量等级图叠加联合形成行政区划耕地质量等级综合图，对排水能力栅格数据进行区域统计，5 级地中，2020 年处于"满足"状态的耕地面积减少 1 635.44 hm²，处于"基本满足"状态的耕地面积增加 855.92 hm²，没有处于"充分满足"和"不满足"状态的耕地。

表 5-50　排水能力 5 级地行政区划分布比较（hm²）

乡镇	2009 年				2020 年			
	充分满足	满足	基本满足	不满足	充分满足	满足	基本满足	不满足
安平镇	—	487.01	1 069.94	—	—	315.17	1 432.60	—
程油子乡	—	585.44	1 986.94	—	—	217.93	1 654.73	—
大子文镇	—	312.83	881.08	—	—	175.68	1 530.09	—
东黄城镇	—	271.14	536.01	—	—	80.08	582.60	—
大何庄乡	—	453.80	1 109.35	—	—	287.24	1 647.04	—

（续表）

乡镇	2009 年				2020 年			
	充分满足	满足	基本满足	不满足	充分满足	满足	基本满足	不满足
马店镇	—	492.25	1 509.75	—	—	77.37	1 354.37	—
南王庄镇	—	520.79	1 881.60	—	—	331.87	1 863.56	—
西两洼乡	—	300.80	1 222.47	—	—	303.28	988.07	—
全县	—	3 424.06	10 197.14	—	—	1 788.62	11 053.06	—

（3）农田林网化。利用耕地质量等级图对农田林网化栅格数据进行区域统计（表 5-51），安平县 5 级地农田林网化处于"中等"和"低等"状态。用行政区划图与耕地质量等级图叠加联合形成行政区划耕地质量等级综合图，对农田林网化栅格数据进行区域统计，5 级地中，2020 年农田林网化处于"中等"状态的耕地面积较 2009 年减少 547.79 hm^2，处于"低等"状态的耕地面积减少 231.73 hm^2。

表 5-51　农田林网化 5 级地行政区划分布比较（hm^2）

乡镇	2009 年		2020 年	
	中等	低等	中等	低等
安平镇	142.01	1 414.93	—	1 747.77
程油子乡	44.84	2 527.55	—	1 872.66
大子文镇	101.28	1 092.63	—	1 705.77
东黄城镇	—	807.15	—	662.68
大何庄乡	38.21	1 524.94	—	1 934.27
马店镇	—	2 002.00	—	1 431.74
南王庄镇	221.45	2 180.94	—	2 195.43
西两洼乡	—	1 523.27	—	1 291.36
全县	547.79	13 073.41	—	12 841.68

（4）生物多样性。利用耕地质量等级图对生物多样性栅格数据进行区域统计（表 5-52），安平县 5 级地生物多样性处于"一般"和"不丰富"状态。用行政区划图与耕地质量等级图叠加联合形成行政区划耕地质量等级综合图，对生物多样性栅格数据进行区域统计，5 级地中，2020 年处于"一般"状态的耕地面积较 2009 年增加 623.66 hm^2，处于"不丰富"状态的耕地面积减少 1 403.18 hm^2。

表 5-52 生物多样性 5 级地行政区划分布比较（hm²）

乡镇	2009 年		2020 年	
	一般	不丰富	一般	不丰富
安平镇	1 556.94	—	1 747.77	—
程油子乡	2 424.64	147.74	1 872.66	—
大子文镇	1 077.70	116.21	1705.77	—
东黄城镇	807.15	—	662.68	—
大何庄乡	1 444.77	118.38	1 934.27	—
马店镇	1 559.41	442.59	1 431.74	—
南王庄镇	1 824.14	578.26	2 195.43	—
西两洼乡	1 523.27	—	1 291.36	—
全县	12 218.02	1 403.18	12 841.68	—

（5）清洁程度。利用耕地质量等级图对清洁程度栅格数据进行区域统计（表 5-53），安平县 5 级地清洁程度处于"清洁"状态。用行政区划图与耕地质量等级图叠加联合形成行政区划耕地质量等级综合图，对清洁程度栅格数据进行区域统计，2020 年处于"清洁"状态的耕地面积较 2009 年减少 779.52 hm²。

表 5-53 清洁程度 5 级地行政区划分布比较（hm²）

乡镇	2009 年	2020 年
	清洁	清洁
安平镇	1 556.94	1 747.77
程油子乡	2 572.38	1 872.66
大子文镇	1 193.91	1 705.77
东黄城镇	807.15	662.68
大何庄乡	1 563.15	1 934.27
马店镇	2 002.00	1 431.74
南王庄镇	2 402.40	2 195.43
西两洼乡	1 523.27	1 291.36
全县	13 621.20	12 841.68

（6）障碍因素。利用耕地质量等级图对障碍因素栅格数据进行区域统计（表 5-54），安平县 5 级地基本无明显障碍，部分耕地存在障碍层次"夹砂层"。用行政区划图与耕地质量等级图叠加联合形成行政区划耕地质量等级综合图，对障碍因素栅格数据

进行区域统计，5 级地中，2020 年无障碍的耕地面积较 2009 年减少 406.37 hm²，存在障碍层次的耕地面积减少 373.15 hm²。

表 5-54　障碍因素 5 级地行政区划分布比较（hm²）

乡镇	2009 年		2020 年	
	无	夹砂层	无	夹砂层
安平镇	1 556.94	—	1 747.77	—
程油子乡	2 454.93	117.45	1 872.66	—
大子文镇	976.42	217.49	1 705.77	—
东黄城镇	807.15	—	662.68	—
大何庄乡	1 524.94	38.21	1 934.27	—
马店镇	2 002.00	—	1 431.74	—
南王庄镇	2 402.40	—	2 195.43	—
西两洼乡	1 523.27	—	1 291.36	—
全县	13 248.05	373.15	12 841.68	—

（7）盐渍化程度。利用耕地质量等级图对盐渍化程度栅格数据进行区域统计（表5-55），安平县 5 级地盐渍化程度处于"无"状态和"轻度"状态。用行政区划图与耕地质量等级图叠加联合形成行政区划耕地质量等级综合图，对盐渍化程度栅格数据进行区域统计，5 级地中，2020 年无盐渍化的耕地面积较 2009 年减少 87.32 hm²，轻度盐渍化的耕地面积减少 692.20 hm²。

表 5-55　盐渍化程度 5 级地行政区划分布比较（hm²）

乡镇	2009 年		2020 年	
	无	轻度	无	轻度
安平镇	1 556.94	—	1 747.77	—
程油子乡	2 511.87	60.52	1 872.66	—
大子文镇	1 147.37	46.55	1 705.77	—
东黄城镇	807.15	—	662.68	—
大何庄乡	1 444.77	118.38	1 934.27	—
马店镇	1 705.83	296.16	1 431.74	—
南王庄镇	2 231.80	170.59	2 195.43	—
西两洼乡	1 523.27	—	1 291.36	—
全县	12 929.00	692.20	12 841.68	—

（8）耕层厚度。利用耕地质量等级图对耕层厚度栅格数据进行区域统计（表5-56），安平县5级地耕层厚度多处于"≥20 cm"和"［15, 20）cm"状态。用行政区划图与耕地质量等级图叠加联合形成行政区划耕地质量等级综合图，对耕层厚度栅格数据进行区域统计，5级地中，2020年耕层厚度≥20 cm的耕地面积较2009年减少269.86 hm²，耕层厚度为［15, 20）cm的耕地面积减少348.67 hm²，耕层厚度＜15 cm的耕地面积减少160.99 hm²。

表5-56　耕层厚度5级地行政区划分布比较（hm²）

乡镇	2009 年			2020 年		
	≥20 cm	［15, 20）cm	＜15 cm	≥20 cm	［15, 20）cm	＜15 cm
安平镇	1 556.94	—	—	1 747.77	—	—
程油子乡	2 306.04	105.36	160.99	1 872.66	—	—
大子文镇	1 193.91	—	—	1 705.77	—	—
东黄城镇	807.15	—	—	662.68	—	—
大何庄乡	1 563.15	—	—	1 934.27	—	—
马店镇	2 002.00	—	—	1 431.74	—	—
南王庄镇	2 216.44	185.95	—	2 195.43	—	—
西两洼乡	1 465.91	57.36	—	1 291.36	—	—
全县	13 111.54	348.67	160.99	12 841.68		

（9）有机质含量。利用耕地质量等级图对土壤有机质含量栅格数据进行区域统计（表5-57），安平县5级地2009年土壤有机质平均含量为14.70 g/kg，2020年土壤有机质平均含量为20.45 g/kg。利用行政区划图与耕地质量等级图叠加联合形成行政区划耕地质量等级综合图，对土壤有机质含量栅格数据进行区域统计，5级地中，2009年土壤有机质含量变化幅度在12.44～16.83 g/kg，2020年土壤有机质含量变化幅度在15.49～25.75 g/kg；2020年土壤有机质含量（平均值）较2009年增加5.75 g/kg，提升了39.12%。

表5-57　有机质含量5级地行政区划分布比较（g/kg）

乡镇	2009 年			2020 年		
	最大值	最小值	平均值	最大值	最小值	平均值
安平镇	16.57	12.84	14.73	25.75	16.05	20.94
程油子乡	16.16	12.82	14.78	22.54	15.49	20.05
大子文镇	15.87	14.31	15.06	25.16	17.24	20.54

（续表）

乡镇	2009 年			2020 年		
	最大值	最小值	平均值	最大值	最小值	平均值
东黄城镇	14.82	12.44	13.40	22.49	17.33	19.93
大何庄乡	15.82	13.54	14.59	22.43	16.59	19.32
马店镇	16.36	13.03	14.25	23.38	16.39	19.27
南王庄镇	15.96	13.94	14.94	25.14	18.54	21.70
西两洼乡	16.83	15.00	15.87	25.75	19.01	21.87
全县	16.83	12.44	14.70	25.75	15.49	20.45

（10）有效磷含量。利用耕地质量等级图对土壤有效磷含量栅格数据进行区域统计（表 5-58），安平县 5 级地 2009 年土壤有效磷平均含量为 14.30 mg/kg，2020 年土壤有效磷平均含量为 13.83 mg/kg。利用行政区划图与耕地质量等级图叠加联合形成行政区划耕地质量等级综合图，对土壤有效磷含量栅格数据进行区域统计，5 级地中，2009 年土壤有效磷含量变化幅度在 7.99～19.46 mg/kg，2020 年土壤有效磷含量变化幅度在 7.87～26.85 mg/kg；2020 年土壤有效磷含量（平均值）较 2009 年减少 0.47 mg/kg，降低了 3.29%。

表 5-58　有效磷含量 5 级地行政区划分布比较（mg/kg）

乡镇	2009 年			2020 年		
	最大值	最小值	平均值	最大值	最小值	平均值
安平镇	15.41	10.26	12.69	18.05	8.42	12.22
程油子乡	16.21	7.99	11.81	23.03	7.87	13.25
大子文镇	19.46	13.53	16.53	26.85	11.86	17.35
东黄城镇	17.88	11.79	14.60	26.52	9.56	16.72
大何庄乡	17.54	12.36	14.88	19.24	8.94	12.28
马店镇	18.07	11.56	14.67	15.99	8.90	12.04
南王庄镇	17.60	13.34	15.89	19.48	13.34	15.82
西两洼乡	15.05	11.13	13.30	13.47	9.27	10.96
全县	19.46	7.99	14.30	26.85	7.87	13.83

（11）速效钾含量。利用耕地质量等级图对土壤速效钾含量栅格数据进行区域统计（表 5-59），安平县 5 级地 2009 年土壤速效钾含量为 97.25 mg/kg，2020 年土壤速效钾含量为 121.92 mg/kg。利用行政区划图与耕地质量等级图叠加联合形成行政区划耕地

质量等级综合图，对土壤速效钾含量栅格数据进行区域统计，5级地中，2009年土壤速效钾含量变化幅度在69.19～128.36 mg/kg，2020年土壤速效钾含量变化幅度在68.83～231.42 mg/kg；2020年土壤速效钾平均含量较2009年增加24.67 mg/kg，提升了2.75%。

表5-59 速效钾含量5级地行政区划分布比较（mg/kg）

乡镇	2009年			2020年		
	最大值	最小值	平均值	最大值	最小值	平均值
安平镇	112.92	69.19	84.79	183.08	72.33	110.24
程油子乡	128.36	71.67	100.68	137.92	80.00	108.02
大子文镇	105.80	85.94	93.49	173.00	77.50	125.85
东黄城镇	116.72	97.33	110.79	231.42	93.08	175.62
大何庄乡	113.57	90.59	99.18	202.08	84.67	126.19
马店镇	118.61	71.50	98.90	142.58	88.17	114.06
南王庄镇	116.09	89.34	103.64	174.33	75.50	121.33
西两洼乡	101.22	74.35	86.49	115.83	68.83	94.07
全县	128.36	69.19	97.25	231.42	68.83	121.92

（12）pH。利用耕地质量等级图对土壤pH栅格数据进行区域统计（表5-60），安平县5级地2009年土壤pH平均为8.23，2020年土壤pH平均为8.16。利用行政区划图与耕地质量等级图叠加联合形成行政区划耕地质量等级综合图，对土壤pH栅格数据进行区域统计，5级地中，2009年土壤pH变化幅度在7.98～8.53，2020年土壤pH变化幅度在8.01～8.30；2020年土壤pH（平均值）较2009年减少0.07个单位，降低了0.85%。

表5-60 pH 5级地行政区划分布比较

乡镇	2009年			2020年		
	最大值	最小值	平均值	最大值	最小值	平均值
安平镇	8.43	8.19	8.31	8.28	8.15	8.22
程油子乡	8.53	8.21	8.36	8.26	8.13	8.20
大子文镇	8.14	7.98	8.07	8.12	8.01	8.06
东黄城镇	8.38	8.06	8.23	8.23	8.06	8.15
大何庄乡	8.28	8.08	8.17	8.26	8.06	8.16
马店镇	8.32	8.13	8.22	8.30	8.06	8.19

（续表）

乡镇	2009 年			2020 年		
	最大值	最小值	平均值	最大值	最小值	平均值
南王庄镇	8.18	8.02	8.12	8.13	8.03	8.08
西两洼乡	8.45	8.27	8.37	8.25	8.15	8.20
全县	8.53	7.98	8.23	8.30	8.01	8.16

（13）土壤容重。利用耕地质量等级图对土壤容重栅格数据进行区域统计（表 5-61），安平县 5 级地 2009 年土壤容重平均为 1.44 g/cm^3，2020 年土壤容重为 1.46 g/cm^3。利用行政区划图与耕地质量等级图叠加联合形成行政区划耕地质量等级综合图，对土壤容重栅格数据进行区域统计，5 级地中，2009 年土壤容重变化幅度在 1.33～1.53 g/cm^3，2020 年土壤容重变化幅度在 1.42～1.47 g/cm^3；2020 年土壤容重（平均值）较 2009 年增加 0.02 g/cm^3，提升了 1.39%。

表 5-61　土壤容重 5 级地行政区划分布比较（g/cm^3）

乡镇	2009 年			2020 年		
	最大值	最小值	平均值	最大值	最小值	平均值
安平镇	1.52	1.33	1.40	1.47	1.45	1.46
程油子乡	1.44	1.38	1.41	1.47	1.42	1.44
大子文镇	1.52	1.42	1.47	1.47	1.45	1.46
东黄城镇	1.46	1.38	1.42	1.47	1.45	1.46
大何庄乡	1.50	1.41	1.46	1.47	1.44	1.46
马店镇	1.49	1.40	1.44	1.47	1.45	1.46
南王庄镇	1.53	1.42	1.49	1.47	1.45	1.46
西两洼乡	1.49	1.36	1.42	1.47	1.44	1.45
全县	1.53	1.33	1.44	1.47	1.42	1.46

（六）6 级地耕地质量特征

1. 空间分布

2009 年，6 级地面积为 11 041.52 hm^2，占耕地总面积的 35.53%；2020 年，6 级地面积为 5 525.92 hm^2，占耕地总面积的 17.78%，6 级地面积逐渐减少。6 级地在安平县的具体分布见表 5-62，2009—2020 年，安平镇、程油子乡、大子文镇、东黄城镇、大何庄乡、马店镇和南王庄镇 5 级地面积逐渐减少；西两洼乡 6 级地面积逐渐增加，增加面积为 138.55 hm^2。

表 5-62　安平县 6 级地的面积与分布状况比较

乡镇	2009 年		2020 年	
	面积 （hm^2）	占 6 级地面积 （%）	面积 （hm^2）	占 6 级地面积 （%）
安平镇	1 429.88	12.95	989.60	17.91
程油子乡	850.73	7.70	603.35	10.92
大子文镇	1 681.98	15.23	326.09	5.90
东黄城镇	705.73	6.39	272.55	4.93
大何庄乡	2 304.07	20.87	999.16	18.08
马店镇	2 308.48	20.91	1 680.91	30.42
南王庄镇	1 465.07	13.27	220.13	3.98
西两洼乡	295.58	2.68	434.13	7.86
全县	11 041.52	100.00	5 525.92	100.00

2. 属性特征

（1）灌溉能力。利用耕地质量等级图对灌溉能力栅格数据进行区域统计（表 5-63），安平县 6 级地灌溉能力处于"满足"和"基本满足"状态。用行政区划图与耕地质量等级图叠加联合形成行政区划耕地质量等级综合图，对灌溉能力栅格数据进行区域统计，6 级地中，2020 年处于"满足"状态的耕地面积较 2009 年减少 241.88 hm^2，处于"基本满足"状态的耕地面积减少 5 273.72 hm^2，没有处于"充分满足"和"不满足"状态的耕地。

表 5-63　灌溉能力 6 级地行政区划分布比较（hm^2）

乡镇	2009 年				2020 年			
	充分满足	满足	基本满足	不满足	充分满足	满足	基本满足	不满足
安平镇	—	—	1 429.88	—	—	—	989.60	—
程油子乡	—	—	850.73	—	—	—	603.35	—
大子文镇	—	101.07	1 580.91	—	—	—	326.09	—
东黄城镇	—	—	705.73	—	—	—	272.55	—
大何庄乡	—	64.46	2 239.60	—	—	—	999.16	—
马店镇	—	54.23	2 254.26	—	—	—	1 680.91	—
南王庄镇	—	22.12	1 442.95	—	—	—	220.13	—
西两洼乡	—	—	295.58	—	—	—	434.13	—
全县	—	241.88	10 799.64	—	—	—	5 525.92	—

（2）排水能力。利用耕地质量等级图对排水能力栅格数据进行区域统计（表5-64），安平县6级地排水能力处于"满足"和"基本满足"状态。用行政区划图与耕地质量等级图叠加联合形成行政区划耕地质量等级综合图，对排水能力栅格数据进行区域统计，6级地中，2020年处于"满足"状态的耕地面积较2009年减少845.08 hm²，处于"基本满足"状态的耕地面积减少4 670.52 hm²，无处于"充分满足"和"不满足"状态的耕地。

表5-64　排水能力6级地行政区划分布比较（hm²）

乡镇	2009年				2020年			
	充分满足	满足	基本满足	不满足	充分满足	满足	基本满足	不满足
安平镇	—	—	1 429.88	—	—	—	989.60	—
程油子乡	—	349.47	501.25	—	—	364.52	238.84	—
大子文镇	—	468.93	1 213.05	—	—	49.99	276.10	—
东黄城镇	—	—	705.73	—	—	—	272.55	—
大何庄乡	—	524.83	1 779.25	—	—	120.84	878.32	—
马店镇	—	37.20	2 271.28	—	—	—	1 680.90	—
南王庄镇	—	—	1 465.07	—	—	—	220.13	—
西两洼乡	—	—	295.58	—	—	—	434.13	—
全县	—	1 380.43	9 661.09	—	—	535.35	4 990.57	—

（3）农田林网化。利用耕地质量等级图对农田林网化栅格数据进行区域统计（表5-65），安平县6级地农田林网化处于"中等"和"低等"状态。用行政区划图与耕地质量等级图叠加联合形成行政区划耕地质量等级综合图，对农田林网化栅格数据进行区域统计，6级地中，2020年农田林网化处于"中等"状态的耕地面积较2009年减少277.66 hm²，处于"低等"状态的耕地面积减少5 237.94 hm²。

表5-65　农田林网化6级地行政区划分布比较（hm²）

乡镇	2009年		2020年	
	中等	低等	中等	低等
安平镇	—	1 429.88	—	989.60
程油子乡	—	850.73	—	603.35
大子文镇	160.63	1 521.35	—	326.09
东黄城镇	—	705.73	—	272.55
大何庄乡	117.03	2 187.04	—	999.16

（续表）

乡镇	2009 年		2020 年	
	中等	低等	中等	低等
马店镇	—	2 308.48	—	1 680.91
南王庄镇	—	1 465.07	—	220.13
西两洼乡	—	295.58	—	434.13
全县	277.66	10 763.86	—	5 525.92

（4）生物多样性。利用耕地质量等级图对生物多样性栅格数据进行区域统计（表5-66），安平县 6 级地生物多样性处于"一般"和"不丰富"状态。用行政区划图与耕地质量等级图叠加联合形成行政区划耕地质量等级综合图，对生物多样性栅格数据进行区域统计，6 级地中，2020 年处于"一般"状态的耕地面积较 2009 年减少 5 318.42 hm²，处于"不丰富"状态的耕地面积减少197.18 hm²。

表5-66 生物多样性 6 级地行政区划分布比较（hm²）

乡镇	2009 年		2020 年	
	一般	不丰富	一般	不丰富
安平镇	1 429.88	—	989.60	—
程油子乡	782.64	68.08	603.35	—
大子文镇	1 666.43	15.55	326.09	—
东黄城镇	705.73	—	272.55	—
大何庄乡	2 304.08	—	999.16	—
马店镇	2 217.05	91.43	1 680.91	—
南王庄镇	1 442.95	22.12	220.13	—
西两洼乡	295.58	—	434.13	—
全县	10 844.34	197.18	5 525.92	—

（5）清洁程度。利用耕地质量等级图对清洁程度栅格数据进行区域统计（表5-67），安平县 6 级地清洁程度处于"清洁"状态。用行政区划图与耕地质量等级图叠加联合形成行政区划耕地质量等级综合图，对清洁程度栅格数据进行区域统计，2020 年处于"清洁"状态的耕地面积较 2009 年减少 5 515.60 hm²。

表5-67 清洁程度 6 级地行政区划分布比较（hm²）

乡镇	2009 年	2020 年
	清洁	清洁
安平镇	1 429.88	989.60

（续表）

乡镇	2009 年	2020 年
	清洁	清洁
程油子乡	850. 73	603. 35
大子文镇	1 681. 98	326. 09
东黄城镇	705. 73	272. 55
大何庄乡	2 304. 07	999. 16
马店镇	2 308. 48	1 680. 91
南王庄镇	1 465. 07	220. 13
西两洼乡	295. 58	434. 13
全县	11 041. 52	5 525. 92

（6）障碍因素。利用耕地质量等级图对障碍因素栅格数据进行区域统计（表 5-68），安平县 6 级地基本无明显障碍，部分耕地存在障碍层次"夹砂层"。用行政区划图与耕地质量等级图叠加联合形成行政区划耕地质量等级综合图，对障碍因素栅格数据进行区域统计，6 级地中，2020 年无障碍因素的耕地面积较 2009 年减少 5 222.39 hm^2，存在障碍因素的耕地面积减少 293.21 hm^2。

表 5-68　障碍因素 6 级地行政区划分布比较（hm^2）

乡镇	2009 年		2020 年	
	无	夹砂层	无	夹砂层
安平镇	1 429. 88	—	989. 60	—
程油子乡	850. 73	—	603. 35	—
大子文镇	1 505. 80	176. 18	326. 09	—
东黄城镇	705. 73	—	272. 55	—
大何庄乡	2 187. 04	117. 03	999. 16	—
马店镇	2 308. 48	—	1 680. 91	—
南王庄镇	1 465. 07	—	220. 13	—
西两洼乡	295. 58	—	434. 13	—
全县	10 748. 31	293. 21	5 525. 92	—

（7）盐渍化程度。利用耕地质量等级图对盐渍化程度栅格数据进行区域统计（表 5-69），安平县 6 级地盐渍化程度处于"无"和"轻度"状态。用行政区划图与耕地质量等级图叠加联合形成行政区划耕地质量等级综合图，对盐渍化程度栅格数据进行区

域统计，6 级地中，2020 年无盐渍化的耕地面积较 2009 年减少 5 183.16 hm²，轻度盐渍化的耕地面积减少 332.44 hm²。

表 5-69　盐渍化程度 6 级地行政区划分布比较（hm²）

乡镇	2009 年		2020 年	
	无	轻度	无	轻度
安平镇	1 429.88	—	989.60	—
程油子乡	850.73	—	603.35	—
大子文镇	1 403.76	278.21	326.09	—
东黄城镇	705.73	—	272.55	—
大何庄乡	2 304.07	—	999.16	—
马店镇	2 254.26	54.23	1 680.91	—
南王庄镇	1 465.07	—	220.13	—
西两洼乡	295.58	—	434.13	—
全县	10 709.08	332.44	5 525.92	—

（8）耕层厚度。利用耕地质量等级图对耕层厚度栅格数据进行区域统计（表 5-70），安平县 6 级地耕层厚度处于"≥20 cm"和"［15，20）cm"状态。用行政区划图与耕地质量等级图叠加联合形成行政区划耕地质量等级综合图，对耕层厚度栅格数据进行区域统计，6 级地中，2020 年耕层厚度 ≥20 cm 的耕地面积较 2009 年减少 5 472.84 hm²，耕层厚度为［15，20）cm 的耕地面积减少 42.76 hm²。

表 5-70　耕层厚度 6 级地行政区划分布比较（hm²）

乡镇	2009 年			2020 年		
	≥20 cm	［15，20）cm	<15 cm	≥20 cm	［15，20）cm	<15 cm
安平镇	1 429.88	—	—	989.60	—	—
程油子乡	850.73	—	—	603.35	—	—
大子文镇	1 681.98	—	—	326.09	—	—
东黄城镇	705.73	—	—	272.55	—	—
大何庄乡	2 304.07	—	—	999.16	—	—
马店镇	2 308.48	—	—	1 680.91	—	—
南王庄镇	1 465.07	—	—	220.13	—	—
西两洼乡	252.82	42.76	—	434.13	—	—
全县	10 998.76	42.76	—	5 525.92	—	—

（9）有机质含量。利用耕地质量等级图对土壤有机质含量栅格数据进行区域统计（表5-71），安平县6级地2009年土壤有机质平均含量为14.65 g/kg，2020年土壤有机质平均含量为20.18 g/kg。利用行政区划图与耕地质量等级图叠加联合形成行政区划耕地质量等级综合图，对土壤有机质含量栅格数据进行区域统计，6级地中，2009年土壤有机质含量变化幅度在12.66～16.83 g/kg，2020年土壤有机质含量变化幅度在15.49～25.75 g/kg；2020年土壤有机质含量（平均值）较2009年增加5.53 g/kg，提高了37.75%。

表5-71　有机质含量6级地行政区划分布比较（g/kg）

乡镇	2009年			2020年		
	最大值	最小值	平均值	最大值	最小值	平均值
安平镇	16.22	13.08	14.51	25.75	16.20	20.13
程油子乡	16.56	12.83	14.86	22.43	15.49	18.02
大子文镇	15.85	14.01	15.10	25.16	18.74	22.11
东黄城镇	14.84	12.66	13.51	21.60	17.33	19.23
大何庄乡	15.77	13.18	14.49	21.58	16.89	19.52
马店镇	15.67	13.30	14.23	23.38	16.53	19.17
南王庄镇	15.99	13.30	14.62	24.75	18.68	21.40
西两洼乡	16.83	15.10	15.86	25.75	19.85	21.82
全县	16.83	12.66	14.65	25.75	15.49	20.18

（10）有效磷含量。利用耕地质量等级图对土壤有效磷含量栅格数据进行区域统计（表5-72），安平县6级地2009年土壤有效磷平均含量为13.91 mg/kg，2020年土壤有效磷平均含量为13.60 mg/kg。利用行政区划图与耕地质量等级图叠加联合形成行政区划耕地质量等级综合图，对土壤有效磷含量栅格数据进行区域统计，6级地中，2009年土壤有效磷含量变化幅度在8.50～19.48 mg/kg，2020年土壤有效磷含量变化幅度在9.07～25.52 mg/kg；2020年土壤有效磷含量（平均值）较2009年减少0.31 mg/kg，减少了2.23%。

表5-72　有效磷含量6级地行政区划分布比较（mg/kg）

乡镇	2009年			2020年		
	最大值	最小值	平均值	最大值	最小值	平均值
安平镇	15.79	10.31	12.46	14.46	9.16	11.20
程油子乡	15.84	8.50	11.02	16.46	9.32	11.86

（续表）

乡镇	2009 年			2020 年		
	最大值	最小值	平均值	最大值	最小值	平均值
大子文镇	19.48	13.28	16.24	21.87	15.12	17.10
东黄城镇	17.23	11.17	13.58	25.52	10.72	16.55
大何庄乡	17.96	11.94	14.78	20.15	9.07	12.50
马店镇	18.09	11.28	13.46	16.28	9.53	11.44
南王庄镇	17.55	13.89	16.32	18.62	14.67	17.09
西两洼乡	14.03	11.93	13.38	12.47	9.69	11.05
全县	19.48	8.50	13.91	25.52	9.07	13.60

（11）速效钾含量。利用耕地质量等级图对土壤速效钾含量栅格数据进行区域统计（表5-73），安平县 6 级地 2009 年土壤速效钾平均含量为 97.73 mg/kg，2020 年土壤速效钾平均含量为 114.71 mg/kg。利用行政区划图与耕地质量等级图叠加联合形成行政区划耕地质量等级综合图，对土壤速效钾含量栅格数据进行区域统计，6 级地中，2009年土壤速效钾含量变化幅度在 67.83～124.90 mg/kg，2020 年土壤速效钾含量变化幅度在 67.08～219.92 mg/kg；2020 年土壤速效钾平均含量较 2009 年增加 16.98 mg/kg，提高了 17.37%。

表 5-73　速效钾含量 6 级地行政区划分布比较（mg/kg）

乡镇	2009 年			2020 年		
	最大值	最小值	平均值	最大值	最小值	平均值
安平镇	106.95	67.83	84.10	156.92	82.00	97.26
程油子乡	124.90	78.79	105.54	132.92	69.75	97.18
大子文镇	108.34	86.23	93.02	141.00	77.50	121.11
东黄城镇	117.05	83.87	106.36	219.92	99.92	167.59
大何庄乡	110.74	88.00	97.71	202.08	84.67	119.62
马店镇	117.17	71.47	99.19	142.58	86.25	109.23
南王庄镇	116.05	89.90	107.41	164.00	85.33	124.59
西两洼乡	100.95	78.16	88.48	115.83	67.08	81.13
全县	124.90	67.83	97.73	219.92	67.08	114.71

（12）土壤 pH。利用耕地质量等级图对土壤 pH 栅格数据进行区域统计（表 5-74），安平县 6 级地 2009 年土壤 pH 平均为 8.24，2020 年土壤 pH 为 8.16。利用行政区

划图与耕地质量等级图叠加联合形成行政区划耕地质量等级综合图，对土壤 pH 栅格数据进行区域统计，6 级地中，2009 年土壤 pH 变化幅度在 8.01～8.53，2020 年土壤 pH 变化幅度在 8.01～8.30；2020 年土壤 pH（平均值）较 2009 年减少 0.08 个百分点，降低了 0.97%。

表 5-74   土壤 pH 6 级地行政区划分布比较

乡镇	2009 年			2020 年		
	最大值	最小值	平均值	最大值	最小值	平均值
安平镇	8.43	8.19	8.30	8.28	8.17	8.23
程油子乡	8.53	8.26	8.40	8.30	8.16	8.23
大子文镇	8.19	8.01	8.09	8.12	8.01	8.06
东黄城镇	8.43	8.07	8.27	8.22	8.08	8.16
大何庄乡	8.28	8.09	8.16	8.27	8.06	8.15
马店镇	8.32	8.14	8.25	8.28	8.06	8.20
南王庄镇	8.17	8.02	8.10	8.13	8.03	8.08
西两洼乡	8.40	8.27	8.34	8.23	8.17	8.20
全县	8.53	8.01	8.24	8.30	8.01	8.16

（13）土壤容重。利用耕地质量等级图对土壤容重栅格数据进行区域统计（表 5-75），安平县 6 级地 2009 年土壤容重平均为 1.44 g/cm³，2020 年土壤容重为 1.46 g/cm³。利用行政区划图与耕地质量等级图叠加联合形成行政区划耕地质量等级综合图，对土壤容重栅格数据进行区域统计，6 级地中，2009 年土壤容重变幅在 1.34～1.53 g/cm³，2020 年土壤容重变化幅度在 1.42～1.47 g/cm³；2020 年土壤容重（平均值）较 2009 年增加 0.02 g/cm³，提高了 1.39%。

表 5-75   土壤容重 6 级地行政区划分布比较（g/cm³）

乡镇	2009 年			2020 年		
	最大值	最小值	平均值	最大值	最小值	平均值
安平镇	1.44	1.34	1.40	1.47	1.45	1.46
程油子乡	1.44	1.39	1.41	1.47	1.42	1.44
大子文镇	1.52	1.44	1.48	1.47	1.45	1.46
东黄城镇	1.45	1.35	1.41	1.46	1.45	1.46
大何庄乡	1.51	1.40	1.46	1.47	1.44	1.45
马店镇	1.48	1.39	1.43	1.47	1.45	1.46

（续表）

乡镇	2009 年			2020 年		
	最大值	最小值	平均值	最大值	最小值	平均值
南王庄镇	1.53	1.47	1.50	1.46	1.45	1.46
西两洼乡	1.46	1.36	1.43	1.47	1.45	1.46
全县	1.53	1.34	1.44	1.47	1.42	1.46

第三节　耕地质量等级影响因素分析

耕地是农业发展之基、粮食安全之本、农民立身之根。开展耕地质量调查监测，加强耕地质量保护，提升耕地地力，是落实"藏粮于地、藏粮于技"战略，保障粮食安全，促进农业可持续发展的重要举措。安平县属于黄淮海区（一级农业区）中的冀鲁豫低洼平原区（二级农业区）。耕地质量等级在 2～6 级，主要受灌溉能力、排水能力、农田林网化、生物多样性、清洁程度、障碍因素、盐渍化程度、耕层厚度、有机质、有效磷、速效钾、pH、土壤容重、耕层质地、质地构型、地形部位、有效土层厚度、地下水埋深等因素影响。

一、影响因素分析

目前安平县耕地质量存在的主要问题是，虽然土壤有机质逐步提升，但基础肥力水平总体仍处在较低水平，中低产田面积所占比例较大，存在障碍因素。此外，存在施肥结构不合理、土壤养分失衡、土壤肥力不均衡等突出问题。

（一）土壤立地条件

1. 地形部位

安平县地形单一，为低海拔冲积洼地。作为耕地质量等级评价中重要的评价因子，地形部位具有较高的权重及影响。该地海拔较低，地势平坦，有利于作物生长。

2. 有效土层厚度

有效土层是具有肥力特征的土壤腐殖质层或耕作层。土层越厚，其保水保肥效果就越好，利于植物根系向下伸展。土层厚度增加有利于高温季节抑制土壤温度上升，低温季节抑制土壤温度下降。安平县有效土层厚度较厚，有利于作物生长。

3. 耕层厚度

由于长期耕作形成一定的土壤表层厚度，在该层厚度内富集了土壤主要的肥力，同时也是土壤根系的主要集中部分。较高的耕层厚度有利于保持土壤肥力，涵养水分及促进作物生长。通过对耕地质量调查点位数据进行分析，安平县耕层厚度大部分在 15～20 cm，因此，耕层厚度是导致安平县耕地质量等级较低的限制因素之一。

（二）土壤管理

1. 灌溉能力

灌溉是保障农作物耗水的关键要素，直接影响耕作制度及耕地生产能力。在本书的评价体系中，灌溉能力分为充分满足、满足、基本满足、不满足。通过对耕地质量调查点位数据分析可知，安平县灌溉能力大部分处于基本满足及以上。

2. 排水能力

排水能力是保证农作物正常生长的重要因素，及时排除农田地表积水，可有效控制和降低地下水位。在雨水集中季，大量的雨水聚集会导致土壤孔隙度降低，气体交换量下降，土壤温度降低，造成土壤中对作物有毒物质的增加，影响作物生长发育。良好的排水能力是保障作物良好生长的重要条件。排水能力分为充分满足、满足、基本满足、不满足。通过对耕地质量调查点位数据分析可知，排水能力大部分处于基本满足及以上。有效改善排水能力对于耕地质量的提升有着促进作用。

3. 障碍因素

障碍因素是反映土体中妨碍农作物正常生长发育、对农产品产量和品质造成不良影响的因素，如瘠薄、沙化、盐碱、侵蚀、潜育化及出现的障碍层次情况等。安平县耕地质量调查数据中，有部分点位存在障碍因素，一定程度上阻碍了耕地质量的提升。

（三）土壤理化性状

1. 耕层质地

耕层质地直接影响土壤的保肥、保水性能，主要类型包括轻壤、中壤、重壤、砂壤、砂土。对于砂性土壤，砂粒含量大，通透性强，但保水保肥性差，养分易流失。对于壤性土，土壤中有较高的毛管孔隙，通透性较好，同时又有较强的保肥保水能力，有利于有机质分解。通过对该县耕地质量调查数据进行分析，耕层质地大部分为轻壤和砂壤，一定程度上阻碍了耕地质量的提升。

2. 盐渍化程度

造成耕地盐渍化的主要原因在于土壤底层或地下水盐分随毛管水上升到地表，水分散失后，使盐分积累在表层土壤中，当土壤含盐量过高时，形成盐碱危害。由于化学肥料的长期使用，肥料品种单一以及施用量过大，很难被土壤吸收，造成土壤中富集盐类物质，土壤盐分浓度增加，土壤盐渍化程度加重。土壤盐渍化不仅危害作物的根系生长，而且吸收作物的矿质元素和水分，使作物的正常生理代谢受到干扰，对作物生长发育造成较大影响。通过对耕地质量调查数据进行分析，全域无盐渍化。

3. 有机质

有机质含量的高低是衡量土壤肥力的供应能力、判断土壤结构适宜程度的重要指标。作为土壤营养元素的贮存库，可以多种方式保持养分，且对土壤微生物的生命活动、土壤水、气、热等肥力因子、土壤结构和耕性都有重要影响。通过对耕地质量调查数据进行分析，有机质含量大部分在 20 g/kg 左右，通过耕地有机质改良措施，耕地质量有较大的提升空间。

（四）土壤养分状况

1. 有效磷

有效磷是指土壤中可被植物吸收利用的磷的总称。有效磷含量是土壤磷素养分供应水平高低的指标，土壤磷素含量高低在一定程度反映了土壤中磷素的贮量和供应能力。在作物整个生长过程中，磷在植物体内参与光合作用、呼吸作用、能量储存和传递、细胞分裂、细胞增大等过程，可以促进早期根系的形成和生长，提高植物适应外界环境条件的能力，有助于植物耐过冬天的严寒，增强植物的抗病性。通过对耕地质量调查数据进行分析，有效磷平均含量在 10～20 mg/kg，一定程度上制约了耕地质量的提升。

2. 速效钾

速效钾是指土壤中易被作物吸收利用的钾素，是表征土壤钾素供应状况的重要指标之一。根据钾存在的形态和作物吸收利用的情况，速效钾以 2 种形态存在于土壤中，分别为水溶性钾、交换性钾。速效钾在整个作物生育期内起着很重要的作用，可以使作物体内可溶性氨基酸和单糖减少，纤维素增多，细胞壁加厚。钾在作物根系累积产生渗透压梯度能增强水分吸收，干旱缺水时能使作物叶片气孔关闭以防水分损失，能增强作物的抗病、抗寒、抗旱、抗倒伏及抗盐能力。通过对耕地质量调查数据进行分析，速效钾平均含量小于 120 mg/kg，一定程度阻碍了耕地质量的提升。

二、对策分析

（一）改善土壤立地条件

1. 有效土层厚度

针对耕地有效土层厚度非常薄弱区，实施耕地土壤客土改良工程。客土主要利用表土剥离技术对土壤肥力条件较好的土壤进行表层剥离，并且将剥离的土壤覆在待整治的土壤表层，以达到增加有效土层厚度的目的。对土壤进行改良要充分考虑原土壤土体构型类型，如在垫层质地型土体构型（黏质土壤）可适当掺入均质质地土体构型土壤，提高黏质土壤透气性。通过客土掺加法将良好外源土壤掺加到原有土体中，增加有效土层厚度，为作物根系生长提供更好的空间，提升土壤保水保肥能力，从而促进耕地质量的提高。深松改土，针对有效土层不足的情况，深松法一般是应用深松机械，有效地消除耕地下层的土壤障碍层，该方法能有效地增加土层厚度而避免对土壤的扰动。

2. 耕层厚度

土壤耕层内富集了土壤的主要肥力，增加耕层厚度可有效提高土壤肥力。通过土壤机耕深松方法提高耕层厚度。深耕有利于改良土壤结构，增加土层厚度，提高土壤蓄水能力，改善作物根系生长环境。

（二）增强土壤管理条件

1. 灌溉能力

通过改善农田水利配套设施，提高耕地灌溉水平。结合地貌特征以及当地水资源的分布情况为高效节水灌溉工程划分明确的区域，根据地形地貌及作物生长所需选择设备类型，如滴灌、喷灌等节水灌溉技术。同时在有条件区域利用自动化技术开展灌溉作业，结合主要农作物类型和农作物不同生长周期的蓄水规律，设定科学的灌溉频次，由系统自动控制进行灌溉作业。

2. 排水能力

排水能力不足可导致农田雨水聚集，土壤内微生物活动降低，增加养分富集程度，影响作物正常生长。根据地形及耕地地块位置，沿等高线建设排水渠；改良作物种植管理技术，根据作物类型进行起垄种植，在多雨季可将多余雨水通过沟壑排出地块，避免洪涝灾害。

3. 障碍因素

对于质地过砂（或过黏）的土壤采用砂掺黏（或黏掺砂）改良方法，改善土壤质地。对于土壤贫瘠区域，重点提高耕地有机质含量。推广秸秆还田技术，在当季收获后，将秸秆打碎，同时伴随旋耕将粉碎的秸秆混入土壤耕层中，提高秸秆腐熟速度，提高土壤肥力。

（三）改善土壤理化性状

1. 耕层质地

耕层质地对土壤的保肥、保水性能有着重要影响。通过深翻土壤，增施有机肥，可有效地疏松改良土壤，有利于作物根系生长。对于砂性土壤，结构较差；漏水漏肥，土质瘠薄，养分含量少，水土流失严重。可适当地改良土壤组成，砂土则应掺入黏土，以改善土质。

2. 有机质

提高贫瘠土壤中有机质含量水平。通过增施有机肥，同时与化肥搭配使用。推广作物秸秆还田，重点实施麦秸覆盖、玉米秸秆旋耕还田技术，还可种植绿肥等措施提高土壤有机质含量。

（四）加强土壤培肥均衡养分

根据安平县土壤的肥力特征以及水、肥、盐的相互关系，采取针对性措施培肥土壤，提高地力水平。①尽可能多地把土壤生产的有机质还回土壤；合理调整作物布局和耕作措施，减少土壤有机质的消耗；②由于大量肥料的使用导致土壤中氮磷钾养分失衡，以测土配方施肥技术为依托，完善农作物测土配方施肥体系，开展测土配方信息查询和智能化配方查询服务，推进配方施肥进村到田；③调整化肥氮磷钾养分配比，将大量元素与中微量元素配合施用。按照减氮、控磷、调钾、补中、配微的原则，将过高的氮肥用量降下来，提高钾肥和中微量元素肥料使用量，平衡养分比例，做到减量增效的效果；④推广水肥一体化灌溉技术，利用滴灌、喷灌、微喷灌技术，将肥料溶于水中，做到按需定位施肥和节水节肥，提高肥料利用率；⑤实行有机肥替代化肥，减少化肥施用量。利用有机养分资源，结合畜禽粪污资源化利用，用有机肥替代化肥，推广有机肥+配方肥、有机肥+水肥一体化、秸秆生物反应堆等有机肥替代模式。

（五）开展耕地质量调查评价

扎实推进耕地质量等级调查评价工作，摸清耕地质量状况，对所有耕地进行分等定级，建立档案。进一步扩大耕地质量监测网络，充实监测内容，开展耕地质量变化预警。促进监测数据的规范采集与大量数据的深度分析，充分利用长期定位试验，开展耕地肥力演变规律、驱动因素及其与生产力耦合关系的研究。有针对性地对高标准农田建设、中低产田改良等项目提出土壤培肥改良、科学施肥的对策措施与建议，为实现耕地质量持续改善提供基础资料和理论依据。

（六）强化高标准农田建设

建设高标准农田是巩固和提高粮食生产能力、保障国家粮食安全的重要举措。农田基础设施建设，不仅能提高劳动效率，促进农业规模化经营，降低生产成本，还有利于改善农田生态，促进土壤肥力提升。重点进行平整土地、改良土壤、完善灌排设施、田间机耕道建设、加强农田林网建设、完善农田输配。加快中低产田改造步伐，搞好土地平整、农田排灌设施及相应沟渠路桥涵闸站建设，强化地力培肥和控污修复，提高农田抗御自然灾害能力和耕地综合产出能力，持续提高高标准农田比重和耕地地力等级，确保粮食安全。

主要途径包括：加快盐碱型土壤改良；加大障碍层次型土壤改造力度；加强土壤培肥，实行合理轮作，提高绿肥产量，增加有机肥源；推行富余秸秆翻压、高留桩、覆盖直接还田，严禁焚烧秸秆，确保秸秆还田；推广工厂化快速高效无害化处理禽畜粪等有机物料，发展商品有机肥，提高禽畜粪等有机物料利用率；加大障碍层次型土壤改造力度；完善灌溉系统建设，改善灌排条件，发展节水型农业；施用土壤调理剂、微生物有机肥等技术，改良土壤结构，提升土壤水肥气热的协调能力；扩大平衡施肥推广面积，提高肥料利用率，减少养分流失；调整种植业结构，因地制宜发展生产，维护土壤生态平衡，提高耕地的产出效益。

（七）保证粮食生产顺利进行

安平县位于缺水干旱区，对于粮食生产而言，干旱是主要的灾害因素之一。完备的灌溉设施可为作物高产稳产提供有力保障。应积极进行水利设施基础建设，根据实际情况，科学设计井间距和灌溉渠系。

（八）加大政府投入力度

加大政府资金支持，耕地质量提升不仅要考虑田间沟渠等灌溉设施、田间道路工程，还要考虑耕地培肥、耕地质量监测、农田林网建设、农田污染防治等因素。因此，耕地质量提升需要大量的资金投入，投入不足不仅会影响耕地质量提升的推进速度，也难以满足现代农业对耕地质量的需求。

第六章 化肥用量情况及肥料特性分析

第一节 化肥施用情况动态变化

一、化肥用量动态变化趋势

从《衡水市统计年鉴》获取的安平县化肥用量数据表明，近12年来安平县化肥总用量随时间推进而降低（图6-1），从2009—2020年，化肥用量从6.87万t降低到5.30万t，降低了22.90%，平均每年降低0.13万t。其中，2009—2013年的4年化肥用量增长0.10万t，提高了1.38%；2013—2020年的8年化肥用量降低1.67万t，下降了23.94%。化肥用量最多的年份为2013年，达到6.97万t，随后出现了先缓—快速—平缓下降的趋势。安平县除总施肥量有明显降低外，全县总化肥用量在全市化肥用量中所占比例逐年降低，由2009年占全市化肥总用量的26.70%降至2020年的17.88%。2015年河北省大力推进化肥零增长行动，2015—2020年衡水市的化肥平均用量为27.49万t。安平县化肥用量动态变化趋势与衡水市比较，衡水市为波浪式上升下降，安平县呈先平稳后下降趋势（图6-2）。

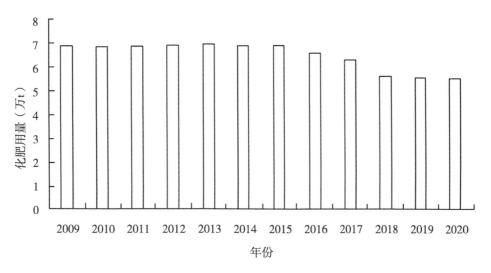

图6-1 2009—2020年安平县化肥用量动态变化

图 6-2　2009—2020 年安平县与衡水市化肥用量动态变化比对

二、氮肥用量动态变化趋势

从化肥种类分析来看，近 12 年来安平县氮肥用量一直多于磷、钾肥和复合肥，且随着时间的延续，全县氮肥用量出现先增加后减少的趋势（图 6-3），2009—2020 年的 12 年间，全县氮肥用量降低 1.00 万 t，平均每年下降 0.083 万 t。氮肥动态变化趋势表明，安平县氮肥用量由 2009 年的 3.38 万 t 增加到 2013 年的 3.42 万 t，增加 0.04 万 t，增幅为 1.06%；然后再从 2013 年降至 2020 年的氮肥用量为 2.38 万 t，降低 1.03 万 t，降幅为 30.23%。该县施用氮肥量较高，但氮肥在全市氮肥用量中所占比例逐年降低，由 2009 年占全市氮肥总用量的 30.61% 降至 2020 年的 22.78%。2015 年河北省大力推进化肥零增长和增肥增效行动，2015—2020 年安平县的氮肥平均用量为 2.82 万 t，较 2013 年氮肥最高用量减少 0.60 万 t，减少了 17.62%；其中 2020 年氮肥用量较 2015 年减少 1.00 万 t，减少了 29.48%。

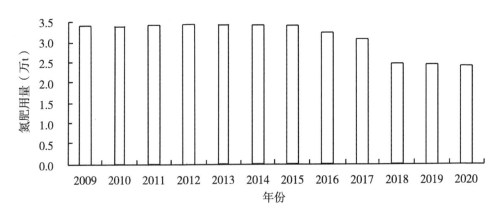

图 6-3　2009—2020 年安平县氮肥用量动态变化

安平县氮肥用量动态变化趋势与全市比较（图6-4），安平县氮肥用量呈平稳下降趋势，变化幅度较小；全市氮肥用量总体呈先平稳后上升后又下降稳定趋势，且变化幅度较大。

图6-4 2009—2020年安平县与衡水市氮肥用量动态变化比对

三、磷肥用量动态变化趋势

2009—2020年的12年间，全县磷肥用量由2009年的2.86万t下降到2020年的1.57万t，下降1.29万t，平均每年降低0.107万t。磷肥动态变化趋势表明，安平县磷肥用量也呈先缓慢下降后加快下降的趋势（图6-5），由2009年的2.86万t缓慢下降到2015年2.78万t，降低0.08万t，降幅为2.73%；然后再从2015年快速降至2020年的1.57万t，降低1.21万t，降幅为43.60%。与氮肥用量趋势一致，磷肥在全市氮肥用量中的所占比例逐年降低，由2009年磷肥占全市化肥总量的50.01%降至2020年

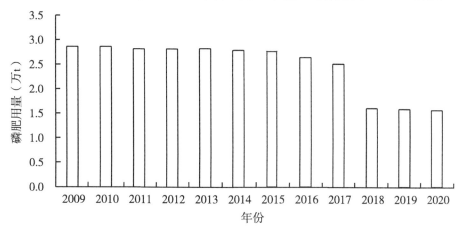

图6-5 2009—2020年安平县磷肥用量动态变化

的 45.08%。

磷肥用量最多的年份为 2013 年，达到 2.82 万 t，随后出现了快速下降的趋势。2015 年河北省大力推进化肥零增长行动，2015—2020 年全县磷肥平均用量 0.24 万 t，较 2020 年磷肥最高用量减少 1.21 万 t，减少了 43.60%。

安平县磷肥用量动态变化趋势与全市比较（图 6-6），安平县磷肥用量与衡水市变化趋势一样，且变化幅度大，磷肥用量均呈先平稳后下降的趋势。

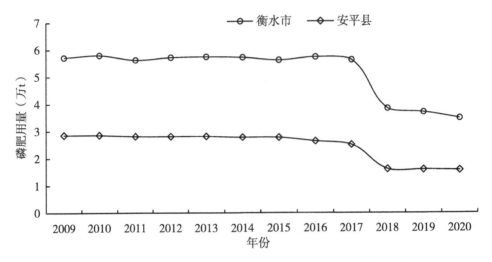

图 6-6 2009—2020 年安平县与衡水市磷肥用量动态变化比对

四、钾肥用量动态变化趋势

2009—2020 年的 12 年间，安平县钾肥用量降低 0.04 万 t。钾肥动态变化表明，安平县钾肥用量呈先增后减少的趋势（图 6-7），由 2009 年的 0.25 万 t 增加到 2013 年的 0.29 万 t，增加 0.04 万 t，增幅为 13.25%；然后再从 2013 年的 0.29 万 t 降至 2020 年的 0.21 万 t，降低 0.08 万 t，降幅为 27.08%。与氮肥和磷肥用量不同，钾肥在全县化

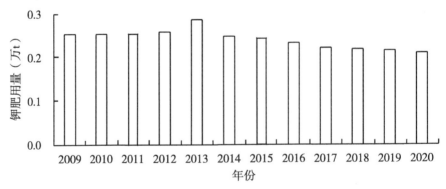

图 6-7 2009—2020 年安平县钾肥用量动态变化

肥用量中的所占比例逐年增加，由 2009 年钾肥占全县化肥总用量的 3.67% 增加至 2020 年的 3.93%。钾肥用量最多的年份为 2013 年，达到 0.29 万 t，随后出现了缓慢下降的趋势。2015 年河北省大力推进化肥零增长行动，2015—2020 年全县的钾肥平均用量为 0.22 万 t，较 2013 年钾肥最高用量减少 0.06 万 t，减少了 22.15%。

安平县钾肥用量动态变化趋势与全市比较（图 6-8），安平县钾肥用量呈先上升后下降趋势，尤其在 2013 年大幅上升，而后有所下降。衡水市钾肥用量呈"波浪"趋势，先上升后下降再上升再下降。

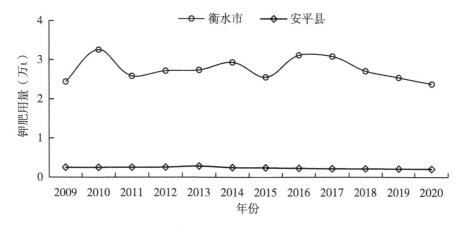

图 6-8　2009—2020 年安平县与衡水市钾肥用量动态变化比对

五、复合肥用量动态变化趋势

2009—2020 年的 12 年间，安平县复合肥用量增加 0.76 万 t，平均每年增加 633.33 t。复合肥动态变化趋势表明，安平县复合肥用量呈先平稳后大幅度提高的趋势（图 6-9），由 2009 年的 0.38 万 t 增加到 2020 年的 1.14 万 t，增加 0.76 万 t，增幅为 199.58%。与氮肥、磷肥和钾肥施用量相反，复合肥在全县化肥用量中的所占比例逐年

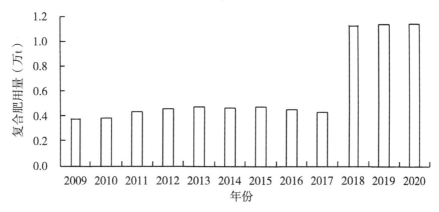

图 6-9　2009—2020 年安平县复合肥用量动态变化

增加，由 2009 年复合肥占全县化肥总用量的 5.53% 增加至 2017 年的 21.47%，增加了 15.94%。复合肥用量最多的年份为 2020 年，达到 1.14 万 t。2018 年河北省大力推进测土配方施肥覆盖率行动，故 2018 年后复合肥用量大幅提高，2009—2017 年全县的复合肥平均用量为 0.44 万 t，2018—2020 年的全县复合肥平均用量较 2009—2017 年增加 0.70 万 t，提高了 159.98%。

安平县复合肥用量动态变化趋势与衡水市相比（图 6-10），安平县复合肥用量总体动态变化趋势与衡水市一致，均呈增加趋势。

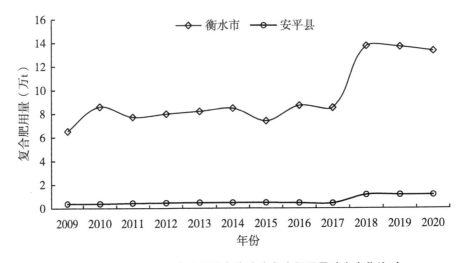

图 6-10　2009—2020 年安平县与衡水市复合肥用量动态变化比对

第二节　施肥现状调查分析

一、调查对象及具体方法

本书涉及的调查对象为安平县 8 个乡镇，每个乡镇选择 2 个村，每个村 10 户，小计 160 户。选择安平县最主要的农作物类型，即玉米和小麦。种植户类型包括农户和规模化种植户。施肥量以氮肥（N）、磷肥（P_2O_5）、钾肥（K_2O）养分含量（下同），面积为 2021 年农作物统计面积。

二、计算方法

采用加权平均值法测算某一行政区域肥料使用量。

（1）$CFI = \sum_{1-n} (N + P_2O_5 + K_2O) / A_1$

（2）$CFQ = CFI \times A_2$

（3）$TCFQ = \sum (CFQ_1 + CFQ_2 + \cdots + CFQ_m)$

（4）$CFRR = (LTCFQ - TCFQ) / LTCFQ \times 100\%$

式中：CFI 为某一区域某种作物平均化肥使用强度；m 为某一作物编号；n 为调查户编号；

$\sum_{1-n} (N + P_2O_5 + K_2O)$ 为调查范围内某一作物所有调查农户施用的氮磷钾化肥总量；

A_1 为调查农户某一作物的种植总面积；A_2 为某一行政区内某一作物的种植总面积；

CFQ 为某一行政区域某一作物化肥使用总量（CFQ_1 代表作物 1 的化肥使用总量，CFQ_2 代表作物 2 的化肥使用总量，依此类推）；

$TCFQ$ 为某一行政区域主要农作物施肥总量；

$\sum (CFQ_1 + CFQ_2 + \cdots + CFQ_m)$ 为某一行政区域不同农作物施肥量总和。

三、结果与分析

（一）主要作物种植面积

小麦和玉米是安平县主要的粮食作物，2021 年安平县小麦播种面积 1.4 万 hm²，玉米种植面积 2.31 万 hm²。

（二）主要农作物施肥状况

统计分析全县 160 户小麦施肥状况可知（表 6-1 至表 6-4），全生育期化肥投入结构总体合理。全县小麦平均施肥强度为施氮肥 15.35 kg/亩，磷肥 6.10 kg/亩，钾肥 3.31 kg/亩。小麦总施肥量为 518.59 万 kg，其中氮肥 322.50 万 kg、磷肥 127.17 万 kg、钾肥 68.93 万 kg。全县玉米平均施肥强度为施氮肥 10.59 kg/亩，磷肥 5.25 kg/亩，钾肥 3.02 kg/亩。全县玉米总施肥量为 652.04 kg，其中氮肥 371.52 万 kg、磷肥 177.47 万 kg、钾肥 103.05 万 kg。

表 6-1　安平县小麦氮磷钾施肥强度

乡镇	小麦施肥强度（kg/亩）		
	N	P₂O₅	K₂O
安平镇	15.42	6.36	3.35
程油子乡	14.85	6.27	4.04
大子文镇	15.39	6.32	3.67
东黄城镇	15.38	6.32	3.65

（续表）

乡镇	小麦施肥强度（kg/亩）		
	N	P$_2$O$_5$	K$_2$O
大何庄乡	15.17	5.51	2.40
马店镇	15.55	6.27	3.17
南王庄镇	15.89	6.29	3.79
西两洼乡	15.17	5.48	2.39
全县平均	15.35	6.10	3.31

表 6-2 安平县玉米的氮磷钾施肥强度

乡镇	玉米施肥强度（kg/亩）		
	N	P$_2$O$_5$	K$_2$O
安平镇	11.72	6.03	3.24
程油子乡	10.23	6.14	3.26
大子文镇	10.10	6.71	3.64
东黄城镇	10.98	6.03	3.22
大何庄乡	8.03	3.19	1.79
马店镇	9.71	6.46	3.86
南王庄镇	12.19	5.07	2.61
西两洼乡	11.73	2.39	2.52
全县平均	10.59	5.25	3.02

表 6-3 安平县小麦的氮磷钾施用量

乡镇	小麦施肥量（万 kg）			
	N	P$_2$O$_5$	K$_2$O	总施肥量
安平镇	13.40	5.52	2.91	21.84
程油子乡	30.74	12.97	8.36	52.07
大子文镇	61.98	25.46	14.76	102.20
东黄城镇	45.96	18.89	10.89	75.73
大何庄乡	44.87	16.30	7.10	68.27
马店镇	21.50	8.66	4.38	34.54
南王庄镇	51.06	20.22	12.18	83.46
西两洼乡	52.99	19.15	8.35	80.48
全县	322.50	127.17	68.93	518.59

表 6-4　安平县玉米的氮磷钾施用量

乡镇	玉米施肥量（万 kg）			
	N	P_2O_5	K_2O	总施肥量
安平镇	57.83	29.76	15.99	103.58
程油子乡	28.04	16.83	8.94	53.81
大子文镇	34.38	22.84	12.39	69.61
东黄城镇	53.99	29.65	15.83	99.47
大何庄乡	34.98	13.90	7.80	56.67
马店镇	39.81	26.49	15.83	82.12
南王庄镇	61.45	25.56	13.16	100.16
西两洼乡	61.04	12.44	13.11	86.58
全县	371.52	177.47	103.05	652.04

（三）主要作物施肥种类

分析发现（表 6-5 和表 6-6），安平县小麦和玉米施肥类型中，小麦氮肥占 50%，复合肥占 50%；玉米氮肥占 21.74%，复合肥占 91.85%；施用有机肥、叶面肥、农家肥为 0。总体来看，安平县主要作物施肥种类比较单一，基本按照复合肥基施和单质肥追施的模式，应加大有机肥、叶面肥、水溶肥、缓控释肥等的推广力度。

表 6-5　安平县小麦施肥种类

乡镇	氮肥（%）	复合肥（%）	有机肥（%）	农家肥（%）	其他肥（%）
安平镇	50	50	0	0	0
程油子乡	50	50	0	0	0
大子文镇	50	50	0	0	0
东黄城镇	50	50	0	0	0
大何庄乡	50	50	0	0	0
马店镇	50	50	0	0	0
南王庄镇	50	50	0	0	0
西两洼乡	50	50	0	0	0
全县平均值	50	50	0	0	0

表 6-6　安平县玉米施肥种类

乡镇	氮肥（%）	复合肥（%）	有机肥（%）	农家肥（%）	其他肥（%）
安平镇	20	80	0	0	0
程油子乡	0	100	0	0	0
大子文镇	0	100	0	0	0
东黄城镇	16.66	83.33	0	0	0
大何庄乡	0	100	0	0	0
马店镇	0	100	0	0	0
南王庄镇	28.57	71.43	0	0	0
西两洼乡	0	100	0	0	0
全县平均值	21.74	91.85	0	0	0

（四）主要作物施肥方式

通过分析安平县主要作物的施肥方式发现（表 6-7），安平县小麦基肥和追肥施肥方式均以撒施为主，基肥撒施占 97.39%，追肥撒施占 100%；玉米基肥主要采用种肥同播方式，占 98.36%，追肥采用撒施方式，占 100%。在调查样本中，小麦和玉米主要以传统施肥方式为主，采用水肥一体化、喷灌等先进方式占比较低，这可能与调研过程中零散农户较多，种植大户和合作社占比较少有关。总体来看，安平县主要农作物施肥方式主要采用种肥同播、撒施等方式，滴灌、喷灌、水肥一体化等施肥方式采用得较少，主要集中在种植大户和合作社等播种面积较大的农业经营主体。在以后的施肥推广过程中，应加大滴灌、喷灌、水肥一体化等施肥方式的推广力度。

表 6-7　安平县主要作物施肥方式

施肥	作物类型	种肥同播（%）	撒施（%）	沟施（%）	滴灌、喷灌、水肥一体化（%）
基肥	小麦	2.61	97.39	0	0
	玉米	98.36	0	1.64	0
追肥	小麦	0	100	0	0
	玉米	0	100	0	0

四、肥料特性

（一）有机肥

有机肥料富含作物生长所需的养分，能不断地供给作物生长。有机质在土壤中分解

产生 CO_2，可作为作物光合作用的原料。有机肥料所含的养分多以有机态形式存在，通过微生物分解转变成植物可利用的形态，可缓慢释放，长久供应作物养分。

有机肥料在土壤溶液中离解出氢离子，具有很强的阳离子交换能力，施用有机肥料可增强土壤的保肥性能。土壤矿物质颗粒的吸水量最高为 50%～60%，腐殖质的吸水量为 400%～600%，施用有机肥料，可增加土壤持水量，一般提高 10 倍左右。有机肥料既具有良好的保水性，又有不错的排水性，因此能缓和土壤干湿差，使作物根部土壤环境不至于水分过多或过少。

有机肥料是土壤中微生物取得能量和养分的主要来源，施用有机肥料有利于土壤微生物活动，从而促进作物生长发育。微生物在活动中的分泌物或死亡后的物质，不只是氮、磷、钾等有机养分，还能产生谷酰氨基酸、脯氨酸等多种氨基酸、多种维生素，还有细胞分裂素、植物生长素、赤霉素等植物激素。少量的维生素与植物激素可促进果树的生长发育。

增施鸡粪或羊粪等有机肥料后，土壤中有毒物质对作物的毒害可大大减轻或消失。有机肥料的解毒原因在于有机肥料能提高土壤阳离子代换量，增加对镉的吸附；同时，有机质分解的中间物与镉发生螯合作用，形成稳定性络合物而解毒，有毒的可溶性络合物可随水下渗或排出农田，提高了土壤自净能力；有机肥料还能减少铅毒害，增加砷的固定。

（二）无机肥

由于无机肥多为养分含量较高的速效性肥料，施入土壤后一般都会在一定时段内显著地提高土壤有效养分含量，但不同种类化肥其有效成分在土壤中转化、存留期长短以及后效等是不同的。因此不同种类化肥其培肥地力的作用也不同。

1. 氮肥

氮肥，具有氮标明量，并提供植物氮素营养的单元肥料。氮元素对作物生长起着非常重要的作用，它是植物体内氨基酸的组成部分，是构成蛋白质的成分，也是植物进行光合作用起决定作用的叶绿素的组成部分。

常用氮肥的类型主要包括：铵态氮肥如碳酸氢铵、硫酸铵、氯化铵、氨水和液氨等；硝态氮肥如硝酸钙和硝酸铵等；铵硝态氮肥如硝酸铵、硝酸铵钙和硫硝酸铵等；酰胺态氮肥如尿素、氰氨化钙（石灰氮）等。

在实际生产中，经常会遇到农作物氮营养不足或过量的情况，氮不足一般表现为：植株矮小，细弱；叶呈黄绿、黄橙等非正常绿色，基部叶片逐渐干燥枯萎；根系分枝少；禾谷类作物的分蘖显著减少，甚至不分蘖，幼穗分化差，分枝少，穗形小，作物显著早衰并早熟，产量降低。氮过量一般表现为：生长过于繁茂，叶呈浓绿色，茎叶柔嫩多汁，腋芽不断出生，分蘖过多，妨碍生殖器官的正常发育，以至推迟成熟；体内可溶性非蛋白态氮含量过高，易遭病虫危害；容易倒伏；禾谷类作物的谷粒不饱满（千粒重低），秕粒多；棉花烂铃增加，铃壳厚，棉纤维品质降低；甘蔗含糖率降低；薯类薯块变小，豆科作物枝叶繁茂，结荚少，作物产量降低。

氮肥深施可以减少肥料的直接挥发、随水流失、硝化脱氮等方面的损失。深层施肥还有利于根系发育，使根系深扎，扩大营养面积。目前研究中氮肥减施量高达 20%～40%，如此大幅度地减施氮肥，短期内能达到很好的效果。长期减施 20%～40% 氮肥能否继续保持作物产量、提高产品质量、维持土壤肥力，达到可持续生产的目的还需进一步探讨。

2. 磷肥

过磷酸钙、重过磷酸钙属酸性肥料，施在酸性土壤中，增强了土壤酸度，也不利于作物生长发育；而且在酸性土壤中，磷肥中的有效磷容易被土壤中的铁、铝沉淀，从而形成难溶性磷酸铁和磷酸铝，使肥效降低。施在石灰性或碱性土壤中，过磷酸钙中的有效磷，又易被土壤中的钙、镁固定，变成难溶性磷化物，同样降低肥效。只有施在微酸、微碱和中性土壤上才有显著的增产效果和经济效益。如在酸性和石灰性土壤上施用酸性磷肥，要尽可能地施在有效磷含量为 5～10 mg/kg 的土壤中。钙镁磷肥、钢渣磷肥等碱性磷肥，宜施在酸性土壤上，或与有机肥料堆沤以后施用；以便利用土壤酸性和有机肥料分解过程中产生的有机酸，从而提高其有效性。如在中性或石灰性土壤中施用，最好与有机肥料混合堆沤后再施用。磷矿粉也是常用磷肥，它是迟效的难溶性磷肥。磷矿粉作垫料或与有机肥料混合堆沤 30～50 d 后再施用，可显著提高其有效性。

磷肥在土壤中都很少移动，很容易被土壤固定，因此，磷肥要集中施，如条施、穴施、与有机肥混合施。通过减少磷肥与土壤接触面积，减少被土壤固定的机会。磷肥条施、穴施等集中施用磷肥的方法，不利于作物根系在全耕层中吸收磷素养分。禾谷类作物如小麦、大麦、玉米、水稻和其他经济作物等，根系多均衡分布在 0～30 cm 土层中，其中以 10～25 cm 分布最密。而条施、穴施的磷肥，只能供应距离 0.5～2.0 cm 的根系吸收，其他根系很难吸收到。磷肥作基肥全层施用效果较好，即是在播种或移栽前，将磷肥均匀撒在地面，然后犁翻耙耱，使它广泛均匀地分布在全耕层土壤中。禾谷类作物对磷肥的利用率是随着作物根系与磷肥接触面积的增大而提高，对小麦施磷肥效果也是如此。当前作物对磷肥利用率低的主要障碍因素是因为它在土壤中移动性小，根系难以吸收，磷肥作基肥全耕层施用，可以较好地克服这个障碍。为了减少土壤对磷肥的固定，磷肥最好与有机肥堆沤或混合后全层施用。

3. 钾肥

钾是植物生长必需的三大营养元素之一，植物对钾的需要量较大，钾在植物体内的含量一般为干物质重的1%～5%，农作物含钾量与含氮量相近，均高于含磷量。钾被公认为"品质元素"，能有效地提高农作物产品品质，表现在外观好、口感好、味香、营养丰富。目前，我国钾肥生产量少，而土壤缺钾的面积在不断扩大，供需矛盾突出。因此了解各种钾肥特性，合理分配钾肥，确定科学有效的施用技术，可充分利用有限的钾肥资源，提高钾肥的利用效率。

氯化钾和硫酸钾是常用的2个品种，要根据作物特性、土壤类型、经济效益等来选择。氯化钾含有较高量的氯离子，忌氯作物不宜施用，但大部分作物施用效果较好，加之价格低，应用范围较广泛。硫酸钾是一种含硫而含氯极低、含盐指数不及氯化钾50%的肥料，所以适用范围比氯化钾更广泛，但因来源较少，价格高，应用范围受限。

土壤缺钾的程度是钾肥有效施用的先决条件，首先要考虑土壤速效钾含量对钾肥肥效的影响。钾肥肥效大小与土壤速效钾丰缺关系密切，即在其他条件相同的情况下，土壤速效钾含量越低，钾肥当季肥效越好。钾素已成为作物增产的限制因素，土壤速效钾含量小于40 mg/kg为极缺钾的土壤，K_2O用量为5～10 kg/亩，折氯化钾或硫酸钾为10～20 kg/亩，任何土壤和作物增产效果均较显著。土壤速效钾含量为40～80 mg/kg时为缺钾土壤，钾肥施用量在5 kg/亩左右，增产效果也很显著。土壤速效钾含量大于80 mg/kg时，除一些喜钾的经济作物外，粮食作物可以少施或不施。

此外，还要考虑土壤缓效钾含量、土壤质地和熟化程度等。土壤缓效钾不能被作物直接吸收利用，是土壤速效钾的给源和后备，在土壤速效钾含量相近的情况下，土壤缓效钾含量越低，转化为速效钾的速度越慢，施用钾肥的肥效往往更好。但作为指导当季钾肥施用量，土壤速效钾含量是主要依据。质地粗的砂性土，由于含钾水平低，加之土壤中的速效钾又易淋溶损失，在这类土壤上施钾的效果往往比黏性土壤好。熟化程度高的土壤增施钾肥的肥效一般不如熟化程度低的土壤。因为前者含钾较为丰富，并有良好的土壤理化性状，供钾能力强。

在土壤缺钾状况相同的情况下，钾肥应优先用在喜钾的作物上，各作物类型喜钾的顺序为豆科作物＞薯类、甜菜、西瓜、果树＞棉花、麻类＞水稻、小麦。喜钾作物是相对的，在严重缺钾的土壤上，无论种什么作物，施钾增产效果都显著，而在含钾丰富的土壤上，喜钾作物增施钾肥往往增产效果不明显。增施钾肥还能明显改善作物产品品质，多种作物增施钾肥后，产品质量都得到不同程度的改善。

钾肥用量与土壤供钾水平、作物种类、产量水平等因素有关，一般可掌握用量折氧化钾（K_2O）4～6 kg/亩。供钾水平低的土壤施用量高于一般农田，块根类作物高于禾谷类作物。另外，其他养分的水平高低、气候、前季作物、耕作、植株种植情况、肥料价格等，也是影响适宜用量的因素。

（三）有机无机复合肥

有机无机复合肥有机质部分主要为有机肥，是以动植物残体为主，并经过发酵腐熟的有机质，能够有效为植物提供有机营养元素。其作用相当于农家肥，但农家肥一般未经过发酵腐熟，含有大量病原菌、寄生菌等造成烧苗现象。有机无机复合肥氮磷钾含量均衡，同时含有大量的有益菌能够起到固氮、解磷、解钾的作用，促进氮磷钾的吸收，提高氮磷钾吸收率，同时有益菌代谢产物同样具有营养价值极高的养分；相比只施肥氮磷钾，吸收率能提高 30%～50%。

（四）水溶肥

植物生长需要很多不同的营养物质，主要有促进叶绿素合成、提升产量的氮；促进细胞分裂和幼苗加速成长的磷；提升幼果快速膨大的钾；促进授粉受精，提高坐果率的硼；提升植株抗病能力的锌和促进光合作用、加速代谢的镁等。水溶肥可以实现养分自由搭配，可以根据农作物的品种和生长周期所需营养元素的特性，实现因品种施肥和因时施肥。

水溶肥以水为介质，可以更快地被农作物吸收，是一种速效新型肥料。水溶肥营养物质配方合理，可以添加相应的螯合剂，使各种营养元素螯合成离子状态，使用过程中防止营养元素通过淋溶而流失，不会出现拮抗作用，提高作物对肥效的利用率。一般水溶肥的肥效利用率可达到 70%～80%，较传统肥料的 30% 几乎高出 1 倍多，减肥增产效果明显。通过调整水溶肥配方，还可改善土壤酸碱程度，将土壤中已固化的营养物质重新活化。同时，水溶肥原料质量高，无不溶物杂质，重金属含量低、电导率较低，不会影响作物正常生长，幼苗施用安全，一般不会出现烧苗现象。

五、肥料施用方式

（一）撒施

撒施是指将肥料均匀撒于田面或撒后耕作的施肥方法。肥料作基肥（特别是有机肥料）或密植作物的追肥时常用此法。作基肥施用的氮肥或腐熟的有机肥料应随施随耕耙整地，把肥料翻入土壤中，防止氮素损失，提高氮肥利用率。用氮肥作密植作物的追肥时难以做到深施覆土，多是撒施。为了减少养分损失，撒施后应及时浇水，使肥料尽快渗入土中。水肥结合能使肥料充分发挥作用。有研究表明，在常规撒施方式下，肥料施在土壤表层，部分肥料不能被根系吸收，同时也有少量氮肥挥发至空气中，影响了产量和肥料利用率。

（二）沟施

沟施，是指在行间靠近作物的根系开沟，把肥料施在沟里。冬小麦春季机械沟施化肥是集中施肥，不但能减少肥料与土壤的接触面，减少肥料的挥发，扩大施肥面积，而且便于根系吸收，使肥效持久，及时供应和满足作物对营养的需要。为小麦生长发育再次提供了有效养分，克服了因基肥不足而造成的后期脱肥现象，有利于促进分蘖和小穗形成，对增加有效穗数和穗粒数、提高粒重、增加产量有突出效果。

据有关资料，尿素撒施化肥利用率37%，沟施化肥利用率50%，沟施比撒施化肥利用率提高了13个百分点。松土通气改善了土壤理化性状，有利于提高地温，同时在深施后镇磨，可压碎土块，弥封裂缝，沉实土壤，减少了土壤水分的蒸发，起到了提墒、保墒的作用，提高小麦本身的抗旱能力。沟施还能使肥料靠近根部，可促使根系向下扎，扩大了根系生长量，增强了吸收养分、水分的能力，有利于培养壮苗。对旺长麦田结合小麦机械沟施化肥的中耕，不但可以壮苗，而且可以断根，减少了田间密度和养分消耗，抑制了地上部和根系的生长，能有效地控制旺长；同时可以提高土壤温度，促进弱苗转壮。可直接清除行间杂草或损伤杂草根系，减轻了杂草的危害。传统的春季追施化肥是田间撒施，而小麦机械沟施化肥减少了挥发和淋失，能有效降低空气中氨气等有害气体的排放量，从而减轻了环境污染。

（三）叶面喷施

土壤施肥是向植物提供必需养分的常用方法，同时高等植物也可以通过适当浓度的叶面施肥，吸收矿质养分。在某些情况下，叶面施肥是纠正营养失调最为高效的方法，同时也是实现作物可持续生产的重要手段，在世界范围内有着重要的商业意义。大多数气生植物表面（如叶、茎）的表皮细胞覆盖着一层细胞外层，即角质层，这是植物器官与周围环境之间的联结者。植物通过角质层和气孔吸收叶面养分和水分，随后进入细胞壁和细胞膜，通过韧皮部输送到生长旺盛的部位。植物对氮素的利用不是局部的，而是系统的。叶面施氮处理下，大部分氮素通过叶片吸收。尿素溶液或颗粒尿素可作为氮肥直接供给叶片，即叶面施肥，能够提高作物产量。小麦在开花前和籽粒发育时期会大量需氮，接近开花时期应用叶面施氮，可以增加籽粒的大小或数量，提高籽粒蛋白质含量，对植物新陈代谢和增产有积极作用。尿素、尿素-硝酸铵和硫酸铵等作为溶液进行喷施，已经在小麦生产中得到研究。相关研究表明，在抽穗后叶面施用尿素可以提高作物产量和蛋白质含量。有学者发现在开花期叶面喷施尿素，可以增加籽粒蛋白质含量、淀粉、沉降值和粒重等品质参数。此外，叶面喷施尿素被证明可以提高小麦籽粒锌的浓度，锌具有高度的迁移度，在韧皮部组织中较易转移，而外源叶面施氮可能加速了内源锌从叶片到籽粒的再转运。

(四) 水肥一体化

水肥一体化是将肥料分次依据作物的需肥规律施入作物根区土壤，这种施肥方式可以依据作物水肥需求实现水分和养分的精准供应，显著提高作物的水肥利用效率，实现以肥调水，以水促肥，协调水分和养分间的供应状况，显著减少肥料的损失，特别是降低施肥（氮）对环境的负面影响。然而，依据作物水氮状况进行精准的水氮管理就需要准确地估算作物水氮状况。充分发挥水肥一体化的优势，需要制定合理的灌溉制度和依据作物生长发育状况及时准确地做出营养诊断和水肥供应决策。目前，水肥一体化灌溉制度主要为定周期灌溉，没有考虑作物不同生育期的水分需求和天气状况。

(五) 种肥同播

"种肥同播"机械化施肥方式是将种子和肥料按有效距离同时播入田间的一种操作模式，优化了良种、良肥、良机技术的结合，是打破传统播种和施肥方式的一大进步。这不但可以有效缓解农村劳动力紧缺的现状，减少环境污染，更可大幅度提高生产效率。缓控释肥结合"种肥同播"施肥技术肥料使用量较同类常规化肥少10%左右，与同浓度肥料相比，肥料利用率能提高30%以上，且玉米可增产450 kg/hm²、小麦增产225 kg/hm²，种肥同播在前茬收获后可以立即进行田间作业，无须进行播种前的整地、施肥等准备工作。即使人手少，小麦只要不是湿度过大，可以先集中力量完成播种任务，再去晾晒。一次作业完成施肥、播种作业，甚至可以整地，大大提高了作业效率，减少多次作业成本，有利于增加种植者收益。新型农业经营主体规模化程度越来越高，对机械化作业依赖度也越来越高，种肥同播可以满足在尽可能短的时间内完成更大规模的作业任务，有力地推动了土地适度规模化经营的发展。

第三节 主要作物推荐施肥及配套管理技术

一、养分平衡法计算施肥量

(一) 基本原理与计算方法

养分平衡法涉及目标产量、作物需肥量、土壤供肥量、肥料利用率和肥料中有效养分含量五大参数。目标产量确定后因土壤供肥量的确定方法不同，形成了土壤有效养分校正系数法。土壤有效养分校正系数法通过测定土壤有效养分含量来计算施肥量。其计算公式为：

$$作物目标产量所需养分量（kg）= \frac{目标产量（kg）}{100} \times 百千克产量所需养分量（kg）$$

（二）参数确定

1. 目标产量

目标产量可采用平均单产法来确定。平均单产法是利用施肥区前3年平均单产和年递增率为基础确定目标产量，其计算公式为：

$$目标产量（kg/hm^2）=（1+递增率）\times 前3年平均单产（kg/hm^2）$$

一般粮食作物的递增率为10%～15%。

2. 作物需肥量

通过对正常成熟的农作物全株养分的分析，测定各种作物百千克经济产量所需养分量，乘以目标产量即可获得作物需肥量（表6-8）。

表6-8 百千克经济产量所需养分量（kg）

作物	收获物	N	P_2O_5	K_2O
冬小麦	籽粒	3.0	1.25	2.50
夏玉米	籽粒	2.57	0.86	2.14
甘薯	鲜块根	0.35	0.18	0.55
马铃薯	鲜块茎	0.50	0.20	1.06
大豆	豆粒	3.09	0.86	2.86
花生	荚果	6.80	1.30	3.80
棉花	籽棉	5.00	1.80	4.00
黄瓜	果实	0.17	0.10	0.34

3. 土壤供肥量

土壤供肥量可通过测定基础产量、土壤有效养分校正系数2种方法估算：

$$土壤有效养分校正系数（\%）= \frac{缺素区作物地上部分吸收该元素量（kg/亩）}{该元素土壤测定值（mg/kg）\times 0.15}$$

通过土壤有效养分校正系数估算：将土壤有效养分测定值乘一个校正系数，以表达土壤"真实"供肥量。该系数称为土壤有效养分校正系数。

测定土壤中速效养分含量，然后计算出 1 hm² 地块的养分。1 hm² 地表土按深 20 cm 计算，共有 225 万 kg 土，如果土壤碱解氮的测定值为 83 mg/kg，有效磷含量测定值为 24.6 mg/kg，速效钾含量测定值为 150 mg/kg，则 1 hm² 地块土壤碱解氮总量为 225× 10^4 kg×83 mg/kg×10^{-6} = 186.75 kg，有效磷总量为 55.35 kg，速效钾总量为 337.5 kg。由于多种因素影响土壤养分的有效性，土壤中所有的有效养分并不能全部被植物吸收利用，需要乘 1 个土壤养分校正系数。我国各省（区、市）配方施肥参数研究表明，碱解氮校正系数为 0.3～0.7，有效磷（Olsen 法）校正系数为 0.4～0.5，速效钾校正系数为 0.5～0.85。

4. 肥料利用率

一般通过差减法来计算：利用施肥区作物吸收的养分量减去不施肥区农作物吸收的养分量，其差值视为肥料供应的养分量，再除以所用肥料养分量就是肥料利用率。氮、磷、钾肥利用率分别为：氮 30%～45%、磷 25%～30%、钾 20%～40%；有机类肥料中腐熟人畜粪便肥为 20%～40%、厩肥为 15%～30%、土杂肥为 5%～30%。

$$肥料表观利用率=\frac{施肥区作物吸收养分量（kg/亩）-缺素区作物吸收养分量（kg/亩）}{肥料施用量（kg/亩）×肥料中养分含量（\%）}×100\%$$

5. 肥料养分含量

供试肥料包括无机肥料与有机肥料。无机肥料、商品有机肥料含量按其标明量，不明养分含量的有机肥料养分含量可参照当地不同类型有机肥养分平均含量获得（表6-9）。

$$施肥量=\frac{作物单位产量养分吸收量×目标产量-土壤测试值×0.15×土壤有效养分校正系数}{肥料中养分含量×肥料利用率}$$

表 6-9　各种肥料养分含量

肥料	养分含量	肥料	养分含量
尿素	含 N 46%	二铵	含 N18%，含 P_2O_5 46%
氯化钾	含 K_2O 60%	一铵	含 N11%，含 P_2O_5 44%
硫酸钾	含 K_2O 50%	过磷酸钙	含 P_2O_5 16%

（三）冬小麦施肥指标体系、推荐配方及施肥指导

1. 冬小麦施肥指标体系

安平县冬小麦施肥指标体系见表6-10。

表 6-10　安平县冬小麦施肥指标体系

目标产量（kg/亩）	土壤有机质（g/kg）	推荐施纯 N 量（kg/亩）	土壤有效磷（mg/kg）	推荐施 P_2O_5 量（kg/亩）	土壤速效钾（mg/kg）	推荐施 K_2O 量（kg/亩）
<450	<10	12	<10	6	<70	8
	[10, 15)	11	[10, 15)	5	[70, 110)	6
	[15, 20)	10	[15, 25)	4	[110, 140)	5
	≥20	9	≥25	2	≥140	4
[450, 500)	<10	13	<10	7	<70	9
	[10, 15)	12	[10, 15)	6	[70, 110)	7
	[15, 20)	11	[15, 25)	5	[110, 140)	6
	≥20	10	≥25	4	≥140	5
[500, 550)	<10	14	<10	—	<70	10
	[10, 15)	13	[10, 15)	7	[70, 110)	8
	[15, 20)	12	[15, 25)	6	[110, 140)	7
	≥20	11	≥25	5	≥140	5
≥550	<10	—	<10	—	<70	—
	[10, 15)	14	[10, 15)	8	[70, 110)	9
	[15, 20)	13	[15, 25)	7	[110, 140)	8
	≥20	12	≥25	6	≥140	6

2. 冬小麦施肥推荐配方

安平县冬小麦施肥推荐配方见表 6-11。

表 6-11　安平县冬小麦施肥推荐配方

施肥方式	N（%）	P_2O_5（%）	K_2O（%）	总养分（%）	复合肥配方	适宜范围	推荐施用时期
基肥	20	12	16	48	20-12-16	中磷低钾区	播种前
基肥	20	20	5	45	20-20-5	低磷高钾区	播种前
基肥	17	17	17	51	17-17-17	低磷低钾区	播种前
追肥	30	0	10	40	30-0-10	中磷低钾区	返青—拔节期
追肥	46			46	46-0-0	中磷中钾区	返青—拔节期

注：含缓控释氮肥的掺混肥或者复合肥 40～45 kg/亩，追施氮钾配方肥或尿素 9～12 kg/亩，有条件的可施用商品有机肥 150～200 kg/亩。

3. 安平县冬小麦推荐施肥及其配套管理技术

（1）播前精选种子，药剂拌种或种子包衣，防治地下害虫；每亩地施上述专用复合（混）肥 40～45 kg。

（2）收获前茬玉米的同时或收获后，将秸秆粉碎 2～3 遍，长度 3～5 cm，铺匀。已连续 3 年以上旋耕的，深耕或深松 20 cm 以上。最近 3 年内深耕过的，可旋耕 2 遍，旋耕深度 15 cm 左右。深耕或旋耕后耱压、耙地，做到耕层上虚下实，地面细平。

（3）最佳播期控制在 10 月 6—15 日，播深 4～5 cm，播种量为 12.5～15 kg/亩，播后及时镇压。

（4）冬前苗期注意观察灰飞虱、叶蝉等害虫发生情况，及时防治，以防传播病毒病；根据冬前降水情况和土壤墒情决定是否灌冻水；需灌冻水时，一般要求在昼消夜冻时灌冻水，时间在 11 月 28 日—12 月 5 日；冬前进行化学除草，适时镇压保墒。

（5）冬季适时镇压，弥实地表裂缝，防止寒风飕根，保墒防冻。

（6）起身期至拔节期适时追肥灌溉；追施尿素 9～12 kg/亩。

（7）浇好开花灌浆水，有条件地块随灌水施 2～3 kg/亩尿素，时间在 5 月 5—10 日；及时防治蚜虫、吸浆虫和白粉病；做好一喷三防。

（8）适时收获，确保丰产丰收，颗粒归仓。

（四）夏玉米施肥指标体系、推荐配方及施肥指导

1. 夏玉米施肥指标体系

安平县夏玉米施肥指标体系见表 6-12。

表 6-12 安平县夏玉米施肥指标体系

目标产量（kg/亩）	土壤有机质（g/kg）	推荐施纯N量（kg/亩）	土壤有效磷（mg/kg）	推荐施P_2O_5量（kg/亩）	土壤速效钾（mg/kg）	推荐施K_2O量（kg/亩）
<500	<10	14	<10	5	<70	7
	[10, 15)	13	[10, 15)	4	[70, 110)	6
	[15, 20)	12	[15, 25)	3	[110, 140)	5
	≥20	11	≥25	2	≥140	4
[500, 550)	<10	15	<10	6	<70	8
	[10, 15)	14	[10, 15)	5	[70, 110)	7
	[15, 20)	13	[15, 25)	4	[110, 140)	6
	≥20	12	≥25	3	≥140	5

（续表）

目标产量 （kg/亩）	土壤有机质 （g/kg）	推荐施纯 N 量 （kg/亩）	土壤有效磷 （mg/kg）	推荐施 P$_2$O$_5$量 （kg/亩）	土壤速效钾 （mg/kg）	推荐施 K$_2$O 量 （kg/亩）
[550，600)	<10	—	<10	—	<70	9
	[10，15)	15	[10，15)	6	[70，110)	8
	[15，20)	14	[15，25)	5	[110，140)	7
	≥20	13	≥25	4	≥140	6
≥600	<10	—	<10	—	<70	—
	[10，15)	16	[10，15)	7	[70，110)	9
	[15，20)	15	[15，25)	6	[110，140)	8
	≥20	14	≥25	5	≥140	7

2. 夏玉米施肥推荐配方

安平县夏玉米施肥推荐配方见表6-13。

表6-13　安平县夏玉米施肥推荐配方

施肥方式	N（%）	P$_2$O$_5$（%）	K$_2$O（%）	总养分（%）	复合肥配方	适宜范围	推荐施用时期
基肥	30	8	8	46	30-8-8	高磷高钾区	种肥同播
基肥	28	6	12	46	28-6-12	中磷低钾区	种肥同播
基肥	30	10	5	45	30-10-5	低磷高钾区	种肥同播
追肥	20	0	10	30	20-0-10		小喇叭口—大喇叭口期
追肥	46			46	46-0-0		小喇叭口—大喇叭口期

注：含有缓控释氮肥的掺混肥或者具有控释功能的复合肥40～50 kg/亩，一次性以底肥施入，后期不再追肥；有水肥一体化灌溉条件的结合灌水在大喇叭口期和灌浆初期追施氮钾肥8～10 kg/亩或尿素8～10 kg/亩；缺锌地块基肥增施硫酸锌1～1.5 kg/亩。有条件的可施用有机肥200～300 kg/亩。

3. 安平县夏玉米推荐施肥及其配套管理技术

（1）播前选择适宜品种，进行药剂拌种，以减轻病害发生率，防治地下害虫。

（2）一般于6月10—16日进行播种。采用等行或大小行足墒机械播种。播种量一般为2.5～3 kg/亩。播后及时浇灌蒙头水，确保全苗。查苗、补苗，拔除小弱株，保证植株健壮，改善群体通风透光条件。

（3）合理施肥。

施肥原则：夏玉米施化肥注意平衡氮、磷、钾营养，进行配方一次性施肥。

施肥量：含缓控释氮肥的掺混肥 40～50 kg/亩，一次性以底肥施入，后期不再追肥；有水肥一体化灌溉条件的可以结合灌水在大喇叭口期和灌浆初期追施氮钾肥 8～10 kg/亩或尿素 8～10 kg/亩；缺锌地块基肥增施硫酸锌 1～1.5 kg/亩。有条件的可施用有机肥 200～300 kg/亩。

（4）播种后，及时进行化学除草，并注意后期病虫害防治。主要有黏虫、蓟马、玉米螟、二点委夜蛾、草地贪叶蛾、病毒病、粗缩病等。

（5）玉米成熟期即籽粒乳线基本消失时收获，收获后及时晾晒。玉米收获后，严禁焚烧秸秆，应及时进行秸秆还田以培肥地力。

（五）白山药施肥指标体系、推荐配方及施肥指导

1. 白山药施肥指标体系

安平县白山药施肥指标体系见表 6-14。

表 6-14　安平县白山药施肥指标体系

目标产量（kg/亩）	土壤有机质（g/kg）	推荐施纯N量（kg/亩）	土壤有效磷（mg/kg）	推荐施P₂O₅量（kg/亩）	土壤速效钾（mg/kg）	推荐施K₂O量（kg/亩）
<2 000	<10	20	<10	7	<80	20
	[10, 15)	18	[10, 15)	6	[80, 120)	18
	[15, 20)	16	[15, 25)	5	[120, 150)	16
	≥20	14	≥25	4	≥150	14
[2 000, 2 500)	<10	22	<10	8	<80	22
	[10, 15)	20	[10, 15)	7	[80, 120)	20
	[15, 20)	18	[15, 25)	6	[120, 150)	18
	≥20	16	≥25	5	≥150	16
[2 500, 3 000)	<10	24	<10	9	<80	24
	[10, 15)	22	[10, 15)	8	[80, 120)	22
	[15, 20)	20	[15, 25)	7	[120, 150)	20
	≥20	18	≥25	6	≥150	18
≥3 000	<10	24	<10	12	<80	26
	[10, 15)	22	[10, 15)	9	[80, 120)	24
	[15, 20)	20	[15, 25)	8	[120, 150)	22
	≥20	18	≥25	7	≥150	20

2. 白山药施肥推荐配方

安平县白山药施肥推荐配方见表 6-15。

表6-15 安平县白山药施肥推荐配方

施肥方式	N（%）	P₂O₅（%）	K₂O（%）	总养分（%）	复合肥配方	适宜范围
基肥	17	17	17	51	17-17-17	中磷中钾
基肥	30	10	10	50	30-10-10	高磷高钾区
追肥	15	5	25	45	15-5-25	高钾区
追肥	20	0	30	50	20-0-30	低钾区

3. 安平县白山药推荐施肥及其配套管理技术

（1）选种：在种植前20~25 d选择饱满、粗壮、无病虫害的山药做种秧，种秧长10~15 cm，山药秧子每个重量25 g左右最好，选择室外通风处晾晒5~6 d，使断面愈合。

（2）施足基肥：种植前沟施商品有机肥300~400 kg/亩或者充分腐熟的农家肥2 000~3 000 kg/亩、配施三元配方复合肥25~30 kg/亩。

（3）生长期追肥：苗期以氮肥为主，5月底—6月初施尿素或者高氮三元复合肥15~20 kg/亩，保证茎叶的生长。在7月中旬—8月下旬进入块茎生长盛期，茎叶的生长达到高峰，块茎迅速生长和膨大，施高氮、高钾复合肥25~30 kg/亩，根据苗情长势、降水和天气情况追施2~3次。

（4）成熟期控肥：8月中旬—9月中旬可适当喷施0.3%浓度的磷酸二氢钾及微肥，2~3次，防止早衰。9—10月为山药的生长后期，此时要控制化肥的使用，特别是氮肥的施用量，防止藤蔓徒长。

（六）苹果施肥指标体系、推荐配方和施肥指导

1. 苹果施肥指标体系

安平县苹果施肥指标体系见表6-16。

表6-16 安平县苹果施肥指标体系

目标产量（kg/亩）	土壤有机质（g/kg）	推荐施纯N量（kg/亩）	土壤有效磷（mg/kg）	推荐施P₂O₅量（kg/亩）	土壤速效钾（mg/kg）	推荐施K₂O量（kg/亩）
<3 000	<10	21	<15	10	<120	18
	[10, 15)	19	[15, 25)	8	[120, 180)	16
	[15, 20)	17	[25, 35)	6	[180, 240)	14
	≥20	15	≥35	4	≥240	12

（续表）

目标产量 （kg/亩）	土壤有机质 （g/kg）	推荐施纯 N 量 （kg/亩）	土壤有效磷 （mg/kg）	推荐施 P_2O_5 量 （kg/亩）	土壤速效钾 （mg/kg）	推荐施 K_2O 量 （kg/亩）
[3 000, 3 500)	<10	23	<15	12	<120	20
	[10, 15)	21	[15, 25)	10	[120, 180)	18
	[15, 20)	19	[25, 35)	8	[180, 240)	16
	≥20	17	≥35	6	≥240	14
[3 500, 4 000)	<10	25	<15	14	<120	22
	[10, 15)	23	[15, 25)	12	[120, 180)	20
	[15, 20)	21	[25, 35)	10	[180, 240)	18
	≥20	19	≥35	8	≥240	16
≥4 000	<10	27	<15	16	<120	24
	[10, 15)	25	[15, 25)	14	[120, 180)	22
	[15, 20)	23	[25, 35)	12	[180, 240)	20
	≥20	21	≥35	10	≥240	18

2. 苹果施肥推荐配方

安平县苹果施肥推荐配方见表6-17。

表 6-17　安平县苹果施肥推荐配方

施肥方式	N （%）	P_2O_5 （%）	K_2O （%）	总养分 （%）	复合肥配方	适宜范围
基肥	17	17	17	51	17-17-17	中磷中钾
基肥	30	10	10	50	30-10-10	高磷高钾区
追肥	20	5	20	45	20-5-20	
追肥	15	0	30	45	15-0-30	

3. 安平县苹果推荐施肥及其配套管理技术

（1）基肥。基肥是果园最主要的施肥方式，应遵循"早、饱、全、深、匀"的技术要求，宜于 10 月施入，在这一时段越早越好。基肥以农家肥为主，配合部分速效化肥。按每生产 1 kg 苹果应施 1.5～2.0 kg 优质农家肥进行计算，幼龄果园每年每株施农家肥料 50～100 kg，随着树龄和结果量的增加而增加，产量 2 000 kg/亩以上的果园，施农家肥料量要达到几斤果几斤肥的要求，一般 2 000 kg 左右，同时配合氮磷钾三元复合肥 20～25 kg。施肥时幼树采用"环状沟施法"，结合扩盘进行，沟宽 20～30 cm，沟深 20～30 cm，逐年向外扩展。成龄树采用"放射沟"或"条沟"施肥法，沟宽 30～40 cm，沟深 30～40 cm，施肥后覆土。

（2）追肥。追肥遵循"适、浅、巧、匀"的要求，一般每年 2～3 次。第一次土壤解冻后到萌芽前，以氮肥为主，磷肥为辅，施 25～30 kg/亩；第二次在花芽分化期，以磷、钾肥为主，氮肥为辅，混合使用。萌芽前追肥可促进果树萌芽、开花、提高坐果率和促进新梢生长。一般以氮、磷肥为主，可选用二铵或者磷钾含量较高的三元复合肥，采用穴施，施 30～35 kg/亩。第三次，果实膨大期追肥能增加产量和果实含糖量，促进着色，提高硬度，追肥以钾为主，选用穴施或"井"字沟浅施，施用氮钾含量高的复合肥 25～30 kg/亩。

（3）叶面喷施。在果树营养生长期，以喷施氮肥为主，浓度应偏低，如尿素为 0.3%～0.5%；生长季后期，以喷磷、钾肥为主，浓度可偏高，如喷施 0.5% 磷酸二氢钾，喷 0.5%～0.7% 尿素。花期可喷（0.2%～0.3%）氮、硼肥、钙或光合微肥。全年果园叶面喷施进行 2～3 次，主要补充磷、钾大量元素、钙、镁中量元素和硼、铁、猛、锌等微量元素。在苹果补钙关键临界期（落花后第三周至第五周）连喷 2 次钙宝 600～800 倍液，间隔 10 d。在采果前 30 d（套袋果内袋除后）用钙宝 600～800 倍加磷酸二氢钾 300 倍液喷施 1 次，提高肥料利用率，维持微量元素的平衡，防止苹果缺钙痘斑病和苦痘病等病害的发生。

第七章　化肥减量增效与耕地质量提升

耕地是最宝贵的农业资源、最重要的生产要素。首先，我国人口基数较大，而且耕地面积占总体土地资源面积的比例较小，耕地后备资源不足，质量偏低，这些问题严重危及我国粮食安全。再加上在城镇化建设进程中，部分区域占用耕地现象比较严重，虽然短期内创造了较好的经济效益，锐减了耕地面积，从长远看也对我国的可持续发展带来了较大的制约。以前由于部分区域的开发企业和部门没有意识到耕地的经济价值，在具体规划过程中并没有将保护耕地放在首位，从而导致大量耕地被占用。管控法规的不完善及城镇化建设规划方案的不合理等情况，导致耕地资源得不到有效保护，农田被侵占，无论是对农业发展还是国家的长远发展都带来了较大影响。

另外，粮食产量和耕地质量、土壤肥力有直接的关系。由于人均土地的占有量不足，在很长一段时间内，我国的粮食生产属于高投入与高产出。在这种情况下，耕地一直处于一种高负荷的状态。在一段时间内，我国的农业耕作方式是粗放型的，不利于农业的可持续发展，也对土壤肥力造成严重损害。在耕作中使用高污染的化学肥料，是导致农业耕地质量下降的主要因素。我国的化肥使用量每年成倍增长，在1979—2016年的37年间，我国化肥用量由1 086万t增加到5 984万t，年均增产率将近5%。在这些化学肥料中，有机肥占有量不足2/5。其中，秸秆养分直接还田率为35%左右，畜禽粪便养分还田率为50%左右。

因此，为保证耕地数量稳定和质量提高，贯彻落实中央文件精神和中央关于加强生态文明建设的部署，推动实施耕地质量保护与提升行动，着力提高耕地内在质量，实现"藏粮于地"，夯实国家粮食安全基础，农业部制定了《耕地质量保护与提升行动方案》。

第一节　耕地质量提升的重要性

中央高度重视耕地质量保护工作，习近平总书记明确提出："耕地是我国最为宝贵的资源。我国人多地少的基本国情，决定了我们必须把关系十几亿人吃饭大事的耕地保护好，决不能有闪失。""耕地红线不仅是数量上的，也是质量上的。"李克强总理强调："要坚持数量与质量并重，严格划定永久基本农田，严格实行特殊保护，扎紧耕地保护的'篱笆'，筑牢国家粮食安全的基础。"《中共中央国务院关于加快推进生态文明建设的意见》也要求："强化农田生态保护，实施耕地质量保护与提升行动，加大退化、污染、损毁农田改良和修复力度，加强耕地质量调查监测与评价。"按照农业部办公厅《关于做好耕地质量等级调查评价工作的通知》（农办农〔2017〕18 号）和河北省农业农村厅、河北省财政厅《关于印发河北省2017 年中央财政农业生产发展等项目实施方案的通知》（冀农财发〔2017〕53 号）要求，为加强耕地质量调查监测工作，开展耕地质量等级变更评价，提升耕地质量监测和保护水平，河北省土壤肥料总站和河北省耕地质量监测保护中心制定了河北省 2017—2022 年耕地质量等级调查评价实施方案、河北省耕地质量评价技术操作规程，说明针对安平县耕地进行耕地质量评价及提升技术的探讨是十分必要的。

（一）耕地质量保护与提升是促进粮食和农业可持续发展的迫切需要

人多地少的国情使我国农业生产一直坚持高投入、高产出的模式，耕地长期高强度、超负荷的被利用，造成土壤耕地质量状况堪忧、基础地力下降。全国耕地退化面积较大，部分地区耕地污染较重，南方耕地重金属污染和土壤酸化、北方耕地土壤盐渍化、西北等地区农膜残留问题突出。安平县耕地土壤有机质含量相对较低，有效磷近10 年变化不大，速效钾虽然有增加趋势但是绝对含量还较低，土壤大中微量养分失衡、农田生物群系减少、耕作层变浅等现象比较普遍。需要加强耕地质量建设，减少农田污染，培育健康土壤，提升耕地地力，夯实农业可持续发展的基础。

（二）耕地质量保护与提升是保障粮食等重要农产品有效供给的重要措施

解决我国人口的吃饭问题，始终是治国理政的头等大事。中央明确要求构建新形势下国家粮食安全战略，提出守住"谷物基本自给、口粮绝对安全"的战略底线。守住这个战略底线，前提是保证耕地数量的稳定，重点是实现耕地质量的提升。随着我国经济的发展和城镇化的快速推进，还将占用一些耕地。在此背景下，保障粮食等重要农产品有效供给，必须加快划定永久基本农田，做到永久保护、永续利用。同时，还必须加强高标准农田建设，大力提升耕地质量，切实做到"藏粮于地"。

（三）耕地质量保护与提升是提高我国农业国际竞争力的现实选择

受农产品成本"地板"抬升和价格"天花板"限制的双重挤压，我国农业种植效益偏低的问题更加突出。与发达国家相比，我国农业的规模化、机械化水平较低，更主要的是基础地力偏低20～30 个百分点，这必然会增加用工和化肥等生产资料的投入，大大增加了生产成本。加强耕地质量建设，能够提升基础地力，减少化肥等生产资料的不合理投入，实现节本增效、提质增效，提升我国农业的国际竞争力。国家提倡的化肥零增长、有机肥替代化肥政策是提高耕地质量的重要举措。

第二节　耕地质量提升技术模式

耕地是人类获取粮食及其他农产品最重要、不可替代、不可再生的资源，是人类赖以生存和发展的最基本物质基础，是农业发展必不可少的根本保障。耕地质量的好坏关乎国家粮食安全、农产品质量安全和农业生态安全，提升耕地质量是促进粮食生产和农业可持续发展的迫切需要。国家"十四五"规划纲要指出：坚持最严格的耕地保护制度，强化耕地数量保护和质量提升。其目的在于通过推进中低产田改造等农艺技术实现耕地质量保护与提升行动，最终目的是提高耕地生产能力，确保国家粮食安全。

加强耕地质量建设，是安平由农业大县向农业强县迈进的必由之路，更是保障粮食等重要农产品有效供给、促进农业可持续发展的现实需要。通过对河北省及周边省份相关耕作措施的汇总，本节提出以下几种有利于提高耕地质量的技术模式，主要包括测土配方施肥、机械化深施肥、有机肥替代化肥、秸秆还田配施腐熟剂、新型肥料施用、生物炭施用技术和深耕深松等技术模式。

一、测土配方施肥技术模式

测土配方施肥是根据作物需肥规律、土壤供肥性能和肥料效应，在合理施用有机肥料的基础上，选择氮、磷、钾及中微量元素等肥料的施用数量、施肥时期和施用方法。测土配方施肥技术有针对性地补充作物所需的营养元素，作物缺什么元素就补充什么元素、需要多少补多少，实现各种养分平衡供应，满足作物的需要，达到提高作物产量、降低农业生产成本、保护农业生态环境。开展配方施肥是践行"三个代表"重要思想、贯彻落实科学发展观、维护农民切身利益的具体体现；是提高农业综合生产能力、促进粮食增产、农民增收的重大举措。组织实施好测土配方施肥，对提高粮食单产、降低生产成本、实现今后粮食稳定增产和农民持续增收有重要意义；对提高肥料利用率、减少肥料浪费、保护农业生态环境、保证农产品安全、实现农业可持续发展有深远影响。

长期以来，我国部分地区盲目、超量施用化肥的现象普遍发生。这不仅造成农业生产成本的增加，而且带来了严重的环境污染，威胁农产品质量安全。特别是目前化肥价格持续上涨，仍在高位运行，直接影响农业生产和农民增收。为此，配方施肥技术在全国范围内积极开展。通过采取一系列的农艺措施，大力推进配方施肥技术入户，努力提高农业科学施肥水平。

（一）测土配方施肥的耕地质量提升效果

1. 提高作物产量，增加收入

在测土的基础上合理配方施肥，促进农作物对养分的吸收，可增加作物产量5%～20%或者更高，增加农民收入。

2. 减少浪费、节约成本、保护环境

由于肥料品种、配比、施肥量是根据土壤供肥状况和作物需肥特点确定，既可以保持土壤均衡供肥，又可以提高化肥利用率，降低化肥使用量，同时由于作物生长健壮，抗逆性增强，减少农药施用量，从而降低化肥和农药对农产品及环境的污染。

3. 改善农作物品质

施肥方式不仅决定农作物产量的高低，同时也决定农产品品质的优劣。有人认为"瓜不甜、果不香、菜无味"都是施用化肥的结果，这是一种误解，其实不是施不施化肥的问题，而是滥用化肥的缘故。通过测土配方施肥，实现合理用肥，科学施肥，瓜照样甜、果依旧香。

4. 培肥土壤，改善土壤肥力

测土配方施肥，能使农民明白土壤中到底缺少什么养分，根据需要配方施肥，才能使土壤缺失的养分及时得到补充，维持土壤养分平衡，改善土壤的理化性状。

（二）测土配方施肥的技术要点

测土配方施肥主要包括野外调查、土壤测试、田间试验、配方设计、配肥加工、示范推广6个方面。在具体操作中，注意以下内容。

1. 野外调查

坚持资料收集整理与野外定点采样调查相结合，典型农户调查与随机抽样调查相结合。通过广泛深入的野外调查，掌握耕地立地条件、土壤理化性状与水肥管理水平，为因地制宜制定施肥方案提供第一手资料。

2. 土壤测试

按照《测土配方施肥技术规范（试行）》要求，平原区6.7～33.3 hm²耕地采集1个土样的标准，采用统一的分析测试方法，对土壤样品进行分析化验。同时，根据田间肥效试验需要，开展植株样和灌溉水样分析，为科学制定肥料配方提供基础数据。

3. 田间试验

按照《测土配方施肥技术规范（试行）》提供的试验方案，广泛开展田间肥效小区试

验，摸清土壤氮磷钾养分校正系数、土壤供肥能力、农作物需肥规律和肥料利用率等基本参数；建立不同施肥分区主要作物的氮磷钾肥料效应模型；确定合理的作物施肥品种、数量和基肥、追肥分配比例，以及最佳施肥时期和施肥方法；建立测土配方施肥指标体系。

4. 配方设计

组织有关专家，分析土壤测试、施肥情况调查和田间试验结果，根据气候、地貌、土壤类型、作物品种、耕作制度等差异，合理划分施肥类型区。审核测土配方施肥参数，建立施肥模型，分区域、分作物制定肥料配方。同时，为广大农户填发施肥建议卡。

5. 配肥加工

依据配方（或施肥建议卡），以各种单质或复混肥料为原料，因地制宜配制配方肥。目前有 2 种方式：一是在配方肥施用基础较差的地区，由农业部门发卡到户，农民根据施肥建议卡自行购买各种肥料，按卡自主配方施肥；二是由配方肥定点加工企业按照农业部门提供的配方加工配方肥，农民自愿购买并施用配方肥。后者是测土配方施肥的发展方向，是落实测土配方施肥技术的最有效形式。

6. 示范推广

针对项目区农户地块养分和作物种植状况，制定测土配方施肥建议卡，由乡（镇）农技人员和村委会发卡到户。同时，建立测土配方施肥示范区，树立样板，展示测土配方施肥技术效果，引导农民应用测土配方施肥技术。

二、机械化深施肥技术模式

机械化深施肥技术主要是指使用农业机械在耕翻、播种和作物生长中将化肥按农艺要求的种类、数量和化肥位置效应施于土壤表层以下一定的深度。主要包括深施底肥、深施种肥、深施追肥。机械化深施可减少化肥损失，提高化肥利用率，节省成本，增加效益。

（一）机械化深施技术的耕地质量提升效果

1. 有效提升肥料利用率

化肥深施可减少化肥的损失和浪费，使用同位素跟踪试验证明，碳酸氢铵深施地表以下 6~10 cm 的土层中，比表面撒施氮的利用率由 27% 提高到 58%，尿素深施地表以下 6~10 cm 的土层中，比表面撒施氮的利用率可由 37% 提高到 50%，深施比表施其利用率相对提高 115% 和 35%。

2. 增加作物的单产

化肥机械化深施可促进作物养分吸收、根系的发育和作物水分吸收，提升作物抗旱能力，促进作物的生长和发育，并最终提高作物产量。大量的对比试验证实：在同等条件下，深施化肥比地表撒施玉米增产 300～700 kg/亩，大豆增产 200～300 kg/亩，有效增产幅度平均在 5%～15%。

3. 减少对种子的影响

机械作业能保证种、肥定位隔离，避免种肥烧种现象。同床混施时，化肥直接与种子接触，极易腐蚀、侵伤种子和幼苗根系，发生烧种、烧苗现象。机械深施能将化肥施于种下 3～6 cm，种侧 4～5 cm，使种、肥之间有 3 cm 的土壤隔离层，避免出现烧种，有利于保苗，为增产奠定了基础。

4. 降低劳动强度

机械施肥工效高，降低劳动强度。机械深施肥机具每 1 小时生产率一般在 0.33～0.67 hm² 以上，效率比人工作业提高 10～20 倍；人畜力深施肥的效率比人工作业可提高 3～5 倍，大大降低了劳动强度，节约了施肥用工，作业成本降低，尤其是在当前劳动力成本居高不下的情况下，机械施肥意义深远。此外，广泛应用化肥深施机械化技术还可以有效减轻化肥对环境的污染。

不同作物类型机械化深施技术见表 7-1。

表 7-1 不同作物类型机械化深施技术

作物类型	应用效果	文献来源
小麦	采用土柱栽培法研究施肥深度对旱地小麦氮素利用及产量的影响，结果表明：较深层次（20～40 cm）施肥植株将吸收的氮素较多分配至籽粒，分配至根系少，肥料氮利用率高，土壤残留率和损失率少，回收率高，从而提高了产量；施肥过浅（0～20 cm）和施肥过深（60～80 cm）则相反，旱地小麦最佳施肥深度应在 20～40 cm，据此制定施肥管理方案，以获得高产高效	石岩 等，2001
玉米	夏玉米磷肥集中深施效果优于分层施，分层施效果优于浅施，且以磷肥集中深施在 15 cm 土层时效果最好	赵亚丽 等，2010
蔬菜	采用分层施肥和 ^{15}N 示踪方法，研究施肥深度对大豆氮磷钾吸收及产量的影响表明，施肥深度对大豆前、中期植株干物质、氮磷钾的积累影响较大，而对植株成熟期影响较小；大豆苗期与种子同层施肥处理植株干物质和氮磷钾的积累量最大；盛花期以种下 6 cm 处理效果最明显。施肥深度对大豆产量的影响为种下 6 cm 处理最高，但与种子同层施肥、种下 12 cm、18 cm 和 24 cm 施肥处理差异不显著；施于种子同层至种下 6 cm 最有利于大豆苗期氮肥吸收，表层施肥、种下 24 cm 施肥处理氮肥吸收效果较差	张晓雪 等，2012

（二）机械化深施的技术要点

1. 化肥深施应与作物相结合

如麦类（青稞、燕麦）播种深度一般为3～5 cm，油菜（白菜型油菜）播种深度一般为1～3 cm，按照化肥深施技术要求，可将化肥深度比播种深度深2～3 cm的要求，麦类、油菜化肥深度应分别达到5～8 cm和3～6 cm。播种时，应对排种器、排种管、排肥器等部件按要求进行调整。

2. 种肥深施

种肥须在播种的同时深施，可通过在播种机上安装肥箱和排肥装置来完成。对机具的要求不仅能较严格地按农艺要求保证肥、种的播量、深度、株距和行距等，而且在种、肥间能形成一定厚度的土壤隔离层，既满足作物苗期生长对营养成分的需求，又避免肥种混合出现的烧种、烧苗现象。应用该项技术对田块土壤处理要求较高，应保证土壤耕深一致，无漏耕，做到土碎田平，土壤虚实得当。

3. 追肥深施

按农艺要求的追肥施用量、深度和部位等选择追肥作业机具，同时完成开沟、排肥、覆土和镇压等多道工序的追肥作业，相对人工地表撒施和手工工具深追施，可显著地提高化肥的利用率和作业效率。追肥机具要有良好的行间通过性能，对作物后期生长无明显不利影响（如伤根、伤苗和倒伏等）。

三、水肥一体化技术模式

水肥一体化技术，指灌溉与施肥融为一体的农业新技术。水肥一体化是借助压力系统（或地形自然落差），将可溶性固体或液体肥料按土壤养分含量和作物种类的需肥规律和特点，配兑成的肥液与灌溉水一起，通过可控管道系统供水、供肥，使水肥相融后，通过管道和滴头形成滴灌，均匀、定时、定量浸润作物根系发育生长区域，使主要根系土壤始终保持疏松和适宜的含水量；同时根据不同作物的需肥特点、土壤环境和养分含量状况、作物不同生长期需水、需肥规律情况进行不同生育期的需求设计，把水分、养分定时定量，按比例直接提供给作物。水肥一体化技术是在节水、提高肥料利用率、减少农药用量、提高作物产量与品质、节省灌溉和施肥时间、改善土壤环境等方面具有显著优势的农业重大技术。

（一）主要应用模式

水肥一体化技术的灌溉方式主要有滴灌水肥一体化、微喷灌水肥一体化、膜下滴灌水肥一体化（表7-2）。

表7-2 水肥一体化技术主要灌溉方式

灌溉方式	应用方式	优点	不足	文献来源
喷灌技术	利用喷头将具有一定压力的水喷射到空中，形成细小水滴或形成弥雾降落到作物上和土壤中	喷灌可用于各种类型的土壤和作物，对各种地形的适应性较强，可以控制喷水量和均匀性，避免产生地面径流和深层渗漏损失，一般比漫灌节水30%～50%	受风力的影响较大，有空中损失，对空气湿度的影响较大，在表层土壤润湿充分、深层土壤润湿不足	杨林林 等，2015
滴灌技术	按照作物需水需肥要求，通过低压管道系统与安装在毛管上的滴头，将溶液均匀而又缓慢地滴入作物根区土壤	灌溉水以水滴的形式进入土壤，延长了灌溉时间，可以较好地控制灌水量	滴头易结垢和堵塞，可能造成滴灌区盐分的累积，影响作物根系的发展。滴灌对水质要求较大，初期投资较大，必须安装过滤器并定期清理和维护	杨晓宏 等，2014
微喷灌技术	通过低压管道系统，以较小的流量将灌溉液通过微喷头或微喷带喷洒到土壤和植物表面进行灌溉，是一种局部的灌溉设施，在降低水分蒸发飘逸损失的同时减小滴灌施肥系统的堵塞概率	灌水均匀度可达到90%以上，克服了畦灌可能造成的土壤板结；保持土壤良好的水气状况，基本不破坏原有的土壤结构	对灌溉水源水质的要求较高，必须对灌溉水进行过滤，田间微喷灌的喷头易被杂草、作物茎秆等杂物阻塞，而喷洒质量、均匀度等受风的影响较大	黄语燕 等，2021
膜下滴灌技术	膜下滴灌技术是把滴灌和覆膜技术相结合，即在滴灌带上面覆盖一层薄膜	覆膜可在滴灌节水的基础上减少水分蒸发损失，还可提高地温，利于出苗，黑色薄膜还可抑制杂草生长	灌溉器容易阻塞，会引起浅层土壤盐分积累，限制根系发展，高频率灌溉要求水电保证率高	王旭 等，2016

（二）水肥一体化技术的耕地质量提升效果

1. 提高土壤保水能力，提高水分利用率

水肥一体化灌溉过程中只湿润作物根系活动区，减少了水分下渗损失和地面蒸发，大大降低了水资源的浪费。采用水肥一体化技术后，减少土壤的湿润深度和湿润面积（蔬菜常规湿润深度 0.5 m 以上，果树 1.0～1.5 m。采用水肥一体化后，设施蔬菜

0.2～0.3 m，果树 0.8～1.2 m，蔬菜湿润面积 60%～90%，果树 30%～60%）；水肥一体化后灌水均匀度可提高至 80%～90% 以上；田间持水率由以前的 50%～100% 变化为 65%～90%。膜下滴灌水肥药一体化种植比传统淹灌种植方式节水 120～150 m³/亩，水分利用率可以提升 50%～65%。

2. 改善土壤环境

水肥一体化技术使土壤容重降低，孔隙度增加，增强土壤微生物的活性，减少养分淋失，从而降低了土壤次生盐渍化发生和地下水资源污染，耕地综合生产能力大大提高。微喷灌水均匀度可达到 90% 以上，克服了畦灌可能造成的土壤板结。滴灌施肥流孔很小，流速缓慢，可使肥液缓慢均匀地施入土壤，不会产生地表径流，能够保护土壤结构不受到破坏。微灌可以保持土壤良好的水气状况，基本不破坏原有的土壤结构。由于土壤蒸发量小，保持土壤湿度的时间长，土壤微生物生长旺盛。

3. 提升土壤养分，增加保肥能力

氮素的淋洗和深层渗漏减少，使氮肥利用率大大提高。水肥一体化模式下水肥主要集中分布在 0～80 cm 土层内，越靠近耕层，水肥含量越高，且能有效防止水肥田间蒸发和深层渗漏，进而增加根区水肥供应量、提高水肥利用率、改善土壤质量、减少农业污染。灌溉方式影响无机氮在 0～20 cm 耕层的含量及分布。滴灌由于水肥用量少、施用次数多，平均可减少 90% 硝态氮深层淋失，且在秸秆还田条件下，滴灌比漫灌明显减少约 10 倍氮肥淋失量。滴灌条件下，磷、钾肥减施且随灌水分次施用，可提高耕层有效磷和速效钾含量，而微喷灌则差异不显著，滴灌较微喷灌和漫灌可提高 0～40 cm 土层有效磷含量。不同作物类型水肥一体化技术见表 7-3。

表 7-3 不同作物类型水肥一体化技术

作物类型	应用效果	文献来源
小麦	与传统灌溉方式相比，水肥一体化增加春季冬小麦最大分蘖数及株高，减少无效分蘖，提高成穗率和千粒重，显著增产 14.29%～18.96%	武继承 等，2017
玉米	玉米膜下滴灌较佳的施氮管理措施为施氮肥 3 次，每次施氮量为 150～200 kg/hm²。玉米滴灌水氮耦合结果表明在交集区灌水 2 016～2 100 m³/hm²、施氮 228～250 kg/hm² 为适宜的水氮耦合量	刘洋 等，2014 戚迎龙，2016
蔬菜	与常规施肥处理相比，3 个滴灌追肥处理的大白菜产量均增加，且追肥减氮 30% 处理的大白菜产量显著高于常规施肥处理	徐丽萍 等，2021

（三）水肥一体化的技术要点

水肥一体化是一项综合技术，涉及农田灌溉、作物栽培和土壤耕作等环节，其主要技术要领包括以下四方面。

（1）实施过程中应建立一套滴灌系统，在设计方面，根据地形、田块、单元、土壤质地、作物种植方式、水源特点等基本情况，设计管道系统的埋设深度、长度、灌区面积等。水肥一体化的灌水方式可采用管道灌溉、喷灌、微喷灌、泵加压滴灌、重力滴灌、渗灌、小管出流等。特别忌用大水漫灌，这容易造成氮素损失，同时也降低水分利用率。

（2）定量施肥，规划好蓄水池和混肥池的位置、容量。掌握注入肥液的适宜浓度约为灌溉流量的 0.1%，过量施用可能会使作物致死以及造成环境污染。

（3）选择合适的肥料种类。可选液态或固态肥料，如氨水、尿素、硫铵等肥料；固态以粉状或小块状为首选，要求水溶性强，含杂质少，一般不应该用颗粒状复合肥；如果用沼液或腐植酸液肥需避免堵塞管道。

（4）保证肥料溶解和混匀。施用液态肥料时不需要搅动或混合，一般固态肥料需要与水混合搅拌成液肥，必要时分离，避免出现沉淀等问题。

四、有机肥替代化肥技术模式

肥料可以为土壤直接提供养分，能够有效防止土壤由于养分缺失而造成作物生长迟缓或者病死。在作物种植过程中，为了片面追求产量，普遍存在化肥超量使用的现象，造成土壤盐渍化、酸化、有机质含量降低等系列问题，进而导致肥料养分利用率降低、农产品品质下降、地下水污染风险增大等问题。研究表明，作物施肥所得的单位面积产量并没有随着施肥量的增加而提高，部分化肥肥效不会对粮食作物产生增产效应，而是通过不同途径损失。就目前化肥施用情况来看，其在农业生产中大量施用带来的问题，是由于土壤长期缺乏有机质和过量施用化肥造成。相比欧美等发达国家 50% 左右的化肥利用率，我国的化肥施用效率仅为 34.2%，显然偏低，未被吸收的化学肥料对土壤环境造成严重的影响。因此在保证产量的情况下，解决化肥减量并提高作物品质的问题迫在眉睫。

有机肥料可增加土壤有机质，加快腐植酸对土壤养分的活化，改良和培肥地力。有机肥种类多、肥源广、易于积制、成本低、施用简单，是发展优质、高效、低耗农业的一项重要技术。充分腐熟的农家肥养分含量比较齐全，肥效持久且稳定。坚持化肥与农家肥混合施用，一是改良土壤理化性状，增强土壤肥力；二是使迟效肥料与速效肥料优势互补；三是减少化肥的挥发与流失，增强保肥性能，较快地提高供肥能力；四是提高作物抗逆性、改善品质，并对减轻环境污染有显著效果。

（一）有机肥施用的耕地质量提升效果

1. 有机肥提供矿质营养，促进植物吸收

植物生长需要吸收大量的养分，而在有机肥料中包含了农业作物生长阶段中需要的各种矿物质养分，能起到辅助植物正常生长的作用，但这些营养元素大多以有机状态存在，难以直接被植物吸收，需要依靠有机类型肥料施在土壤中被微生物分解。不仅会被分解为相应的养分，同时还会释放出一定量的 CO_2，让植物生长阶段中碳环境得到改善，提升土壤环境中 CO_2 的实际浓度，这也是提升植物光合作用质量的关键性措施。

以玉米为例，有机肥能够延缓叶片衰老，与化肥合理配施可提高玉米的净光合速率和叶绿素含量，有机肥速效养分含量低，肥效释放较缓慢，替代部分化肥后可能降低玉米生育前期叶绿素含量，随着玉米生育期推进，施用有机肥处理叶绿素含量提高（表7-4）。图7-1中显示施用有机肥处理的植株氮素、磷素、钾素较其他处理分别提高5.74%~16.28%、0.94%~8.59%、6.04%~11.78%，玉米籽粒中的养分来源于根系吸收和花前营养器官养分再转运及花后吸收，施用有机肥有利于营养器官养分向籽粒转移，提高籽粒中养分吸收比例，增加成熟期养分吸收总量（张世卿，2020）。

表7-4 不同施肥处理玉米叶片叶绿素 SPAD 值

处理	拔节期	大喇叭口期	抽雄吐丝期	灌浆期
农民习惯施肥	48.6a	54.5a	51.8b	53.4b
推荐施肥	50.6a	57.0a	54.6ab	55.4ab
有机肥替代30%化肥	50.0a	56.1a	57.0a	56.2a

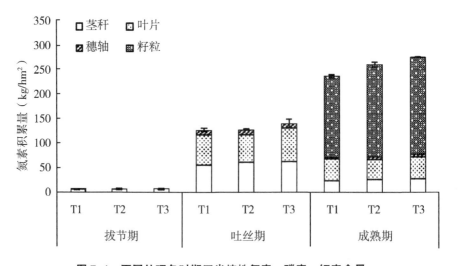

图7-1 不同处理各时期玉米植株氮素、磷素、钾素含量

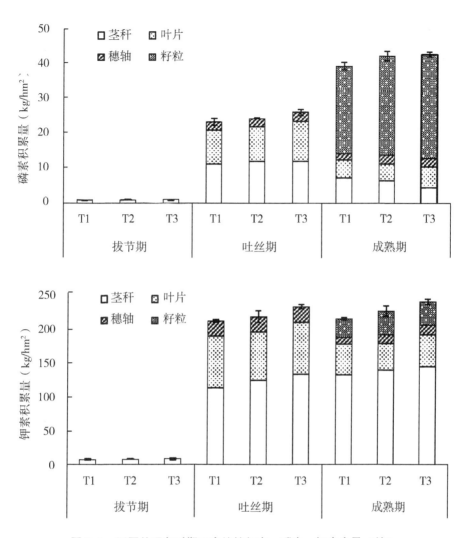

图 7-1 不同处理各时期玉米植株氮素、磷素、钾素含量（续）

注：T1、T2、T3 处理分别为农民习惯施肥、推荐施肥、有机肥替代 30%化肥，下同。

作物产量是水、肥、气、热综合作用的结果，适宜的生长环境是保证作物高产的必要条件。合理的施肥措施不但能改善土壤状况，同时有利于作物生长发育、养分吸收利用，增加籽粒产量。施用有机肥促进营养元素吸收，使其穗粗、秃尖长、穗粒数在各处理处于最高水平，增产效果显著，产量提高 2.10%～14.14%，N 肥偏生产力提高9.38～30.97 kg/kg（表 7-5 和表 7-6）。

表 7-5 不同施肥处理的玉米产量及其穗部性状

处理	穗长 （cm）	穗粗 （cm）	秃尖长 （mm）	穗粒数	百粒重 （g）	产量 （kg/hm²）
农民习惯施肥	14.91	4.69	7.97	447.4	28.18	8 345

（续表）

处理	穗长 （cm）	穗粗 （cm）	秃尖长 （mm）	穗粒数	百粒重 （g）	产量 （kg/hm²）
推荐施肥	17.37	4.80	4.65	475.8	28.13	9 329
有机肥替代30%化肥	14.89	4.81	3.65	478.5	28.55	9 525

表 7-6　不同施肥处理的氮、磷、钾肥偏生产力

处理	N 肥偏生产力 （kg/kg）	P 肥偏生产力 （kg/kg）	K 肥偏生产力 （kg/kg）
农民习惯施肥	19.87d	139.08a	92.72a
推荐施肥	41.46c	103.66c	69.10d
有机肥替代30%化肥	50.84b	128.54b	81.62c

2. 有机肥增加土壤有机质与有效养分含量

施用有机肥后，能从多个方面实现土壤肥力的提升，让农业生产得到更好的发展。有机肥施入土壤中，可增加土壤有机质含量，如图 7-2 和图 7-3 所示，较农民习惯（T1）和推荐施肥（T2）相比，有机肥的施用（T3）提高土壤 0～20 cm、20～40 cm 有机质含量，其中 0～20 cm 效果较明显。

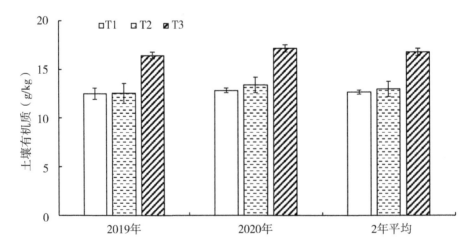

图 7-2　不同施肥处理 0～20 cm 土层有机质含量

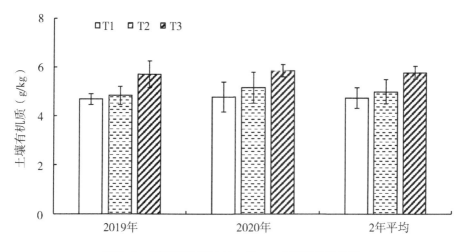

图 7-3　不同施肥处理 20～40 cm 土层有机质含量

3. 实现肥力持续提升

有机肥料有持续时间长的优势，施到土壤后，不仅能在当年有效地实现土壤肥力提升，同时由于农业生产中有机肥有效成分释放较为缓慢，在后期也能保持良好的作用，让农作物的生长有更好效果，提升植物收成。研究显示，小麦对于有机类型肥料的当年实际利用率一般在 10%～30%。导致有机肥料实际利用率偏低的根本因素就是肥料在投入土壤后释放速度较为缓慢，这也预示着肥料能在更长时间内发挥良好效果，让有机肥料在后续使用中发挥更好的作用，从长时间跨度、土壤肥力深度提升等方面实现农业生产的良好发展。由于有机类型肥料在使用中出现螯合作用，有机类型肥料中所包含的原生成分以及次生成分，能和土壤中的部分营养物质发生螯合反应，让土壤化学物质的实际利用率得到保证，有效作用时间较长、对土壤肥力提升较为显著，通过提升肥力实现农作物产量的提升。

4. 有机肥减少农作物病虫害

农作物种植总是少不了病虫害的防治，有效地防治农作物病虫害才能更好地提高作物品质和产量。有机肥料中含有多种微生物群系，其中一部分可以与作物本身产生反应，分泌出抗菌素，进而抵抗病菌和有害细菌。另外，有机肥中的酶类，作为一种蛋白质，酶不仅能推动土壤的代谢，也能参与到作物防御反应中，大大增强作物的抗病能力。而有机肥在作物根系形成的有益菌还能抑制有害病原菌繁衍，增强作物抗病抗旱能力，降低连作植物的病情发生概率，连年施用可大大缓解重茬障碍。有机肥的种类不同，为有效防治病虫害，也需挑选合适的有机肥进行配对，使发病率明显降低。

5. 调理土壤结构，改善土壤质量

施用化肥 3 年以上，土壤开始结块僵化，继续施用可能导致作物产量、品质下降。有机肥能够改善土壤物理结构，提高土壤孔隙度，通透交换性，促进团粒体结构的形

成。研究表明，有机肥能有效改善表层土壤紧实度，使该土层紧实度较对照处理有明显的疏松状态。而通过连续定位试验发现，与对照处理相比，有机肥处理降低土壤容重 0.18 g/cm³，增加通气孔隙 7%，同时增加土壤通透和蓄水能力，有机肥的施入明显改良土壤团聚体结构，比重增幅在 20% 以上。土壤水分含量改变土壤通气性，进而影响有机肥在土壤中的作用，改变微生物生态系统，影响有机肥矿化等诸多效果。

不同施肥处理的土壤容重动态变化及土壤紧实度动态变化见图 7-4 和图 7-5。与农民习惯施肥（T1）和推荐施无机肥处理（T2）相比，施用有机肥（T3）处理的土壤容重在大喇叭口期和成熟期平均降低 2.61%～4.62%、2.45%～4.02%；不同施肥处理对 0～30 cm 土壤紧实度影响较大，表现为有机肥处理（T3）＞推荐施无机肥（T2）＞农民习惯施肥（T1）。

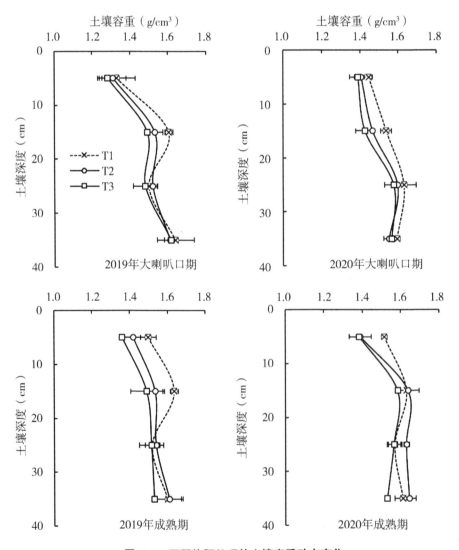

图 7-4　不同施肥处理的土壤容重动态变化

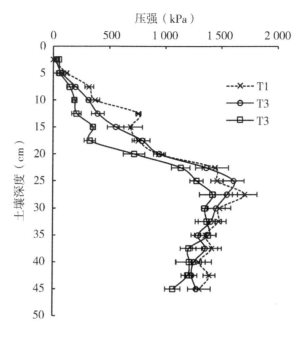

图7-5 不同施肥处理的土壤紧实度动态变化

（二）有机肥施用的技术要点

（1）有机肥应充分腐熟后施用。若将动物粪便及人粪尿未经发酵腐熟直接施入土壤，这些未经腐熟的有机肥在土壤中经微生物分解发酵，产生的氨气容易导致作物烧根、中毒，有的还会滋生杂草和传播病虫害。

（2）有机肥和无机肥搭配施用。有机肥养分全，释放慢，肥效长，作物生长需肥高峰时常供应不足；无机肥一般含量单一，易分解和作物吸收，但后劲不足。有机肥和无机肥搭配施用，能满足作物需肥量。

（3）施用量适宜。有机肥体积大，含养分低，需大量施用才能满足作物的生长需求，但并不是越多越好。因为有机肥与化学肥料一样，在农业生产中也存在计量施用的问题。如果有机肥的用量太多，不仅是一种浪费，而且可造成土壤障碍，影响作物生长发育。如在保护地栽培中，若长期大量施用有机肥，可导致土壤营养元素过剩，土壤盐渍化，从而引起农产品生长不良、硝酸盐含量超标、品质下降等问题。因此，生产中有机肥的施用量应根据土壤中各种养分及有机质的消耗情况合理使用，做到配方施肥、科学施肥。

（4）生物有机肥穴施较重要，特别是茄果类蔬菜，重茬现象不可避免。即使补施了一些生物肥、微肥，由于受温度、湿度、透气性、有机质等条件的影响，再加上幼苗根弱的原因，很难快速发挥作用。如果穴施生物有机肥，一方面可快速促进活跃土壤，提高土壤透气性，促进根系快速生长发育；另一方面可缓解因有机肥不腐熟、化肥没分解形成养分的空缺，及时供给根系养分，给根系一个良好的生长环境，促进团根早形成。

五、秸秆还田技术模式

秸秆是指农作物成熟并脱粒后的茎叶总称。秸秆还田通常是指在农作物收获后，将秸秆以不同的方式返还到田里。秸秆资源最主要的利用方式是用作肥料。目前主要是秸秆直接还田和间接还田。直接还田包括高茬还田、覆盖还田、粉碎翻耕还田和焚烧还田；间接还田主要分为堆肥还田、过圈还田和过腹还田。秸秆还田能增加土壤有机质，改良土壤结构，使土壤疏松，孔隙度增加，容重减轻，促进微生物活力和作物根系的发育。

（一）秸秆还田施用的耕地质量提升效果

1. 蓄水保墒，提高抗旱能力

实施秸秆还田可以减少土壤中水分蒸发，保持耕层蓄水量，土壤含水量可提高2%～4%，渗水率提高40%～50%，有效提高降水利用率和抗旱减灾，为作物生长发育提供了涵养水源，增强了抵御干旱的能力。

2. 改良土壤，培肥地力

秸秆还田后在土壤中分解，能有效提高土壤有机质含量和肥料利用率，改良土壤结构和物理性状，综合改善土壤水、肥、气、热等方面的生态效益。秸秆还田后，秸秆周围会有大量的微生物进行繁殖，形成土壤微生物活动层，加速对秸秆中有机态养分的分解释放，可提高土壤有机质含量。土壤中添加成熟小麦秸秆后，土壤中矿物氮含量显著增加的同时可促进秸秆碳的矿化，并显著增加微生物量碳含量。同时，秸秆中氮素资源丰富，连续秸秆还田可减少氮肥施用量，提高水肥利用效率，增加培肥效果。

3. 改变土壤微生物群落结构

秸秆还田通过增加农田茎叶残茬和植物根系分泌物向土壤提供了充足的碳素和氮素，影响了土壤微生物群落结构，提高土壤微生物活性和数量，增强对土壤氨基酸、胺类化合物和碳水化合物等碳源的利用能力。不同作物类型秸秆还田施用技术见表7-7。

表7-7 不同作物类型秸秆还田施用技术

作物类型	影响途径	文献来源
小麦	施氮量180 kg/hm² 时，秸秆还田可提高小麦的成穗数和千粒重，提高产量；施氮量270 kg/hm² 时，秸秆还田会抑制小麦分蘖和穗发育，导致穗粒数、千粒重和产量降低	赵士诚 等，2017

（续表）

作物类型	影响途径	文献来源
玉米	秸秆还田显著提高玉米籽粒产量，其中还田量为 0.75 kg/m² 时产量最高，达到 14.65 t/hm²，较无覆盖增产 14.65%。秸秆还田促进土壤氮素循环利用，有效固持氮素保障耕层氮供给，减少土壤氮素淋失，显著提高大田玉米产量，实现粮食增产和生态环境安全双赢	高晓梅 等，2021
蔬菜	不同秸秆还田促进黄瓜的株高、茎粗、地上部和根系的干鲜重增加，显著提高了黄瓜产量。玉米秸秆还田效果最好，其黄瓜产量较对照显著提高了 43.8%，其次为花生秸秆还田，稻壳还田效果稍差	高青海 等，2013

（二）秸秆还田施用的技术要点

1. 秸秆还田一般作基肥用

秸秆中养分释放慢，过晚还田后当季作物无法吸收利用，因此一般作基肥施用。

2. 秸秆粉碎程度

秸秆粉碎的长度应小于 10 cm 且抛撒均匀。如果不匀，则厚处很难耕翻入土，使田面高低不平，易造成作物生长不齐、出苗不匀等现象。

3. 翻耕前施入适量氮磷肥

作物秸秆被翻入土壤后，在分解为有机质的过程中要消耗一部分氮肥，所以应适当增加前期氮肥使用量，减少后期氮肥用量。因为秸秆土壤腐解过程需要吸收土壤中原有的氮素、磷素和水分。

4. 适量深施氮肥调节碳氮比

适量深施速效氮肥以调节适宜的碳氮比。一般禾本科作物秸秆含纤维素较高，达到 30%～40%，还田后土壤中碳素物质会陡增，一般增加 1 倍左右。因为微生物增长是以碳素为能源、以氮素为营养的，而有机物对微生物的分解适宜碳氮比为 25∶1，多数秸秆的碳氮比高达 75∶1，这样秸秆腐解时由于碳多氮少失衡，微生物必须从土壤中吸取氮素以补不足，也就造成了与作物共同争氮的现象。因而秸秆还田时增施氮肥显得尤为重要，可起到加速秸秆快速腐解及保证作物苗期生长旺盛的双重功效。

5. 旋耕灭茬

秸秆完成切碎、加施化肥作业后，对还田地块还要立即旋耕或耙地灭茬，使秸秆残体分散均匀，与土壤混合进入 0～10 cm 的土层中，同时把根茬切开，以利于腐解，减少养分损失。

六、新型肥料施用技术模式

在施肥中，提倡施用高含量的多元复合肥，减少施用低含量的复合肥；积极施用高能有机无机复合肥，推广有机无机复合肥，配施高含量有益微生物的肥药兼用肥，加快高效缓释肥、水溶性肥料、生物肥料、土壤调理剂等新型肥料的应用，是目前提高耕地质量的重要途径。

（一）生物菌肥施用技术模式

生物菌肥是利用高科技手段将野外环境中筛选出的微生物经诱变、复壮后，再经工业发酵，以草炭、褐煤、粉煤灰等为载体精加工而成的一种高含菌量的生物制剂，能通过微生物的特定作用给植物提供营养、调节植物生长。生物菌肥可以调节土壤环境，提高肥料利用率，有效改善土壤污染、解决由长期的不合理施肥带来的一系列环境问题。

1. 生物菌肥施用的耕地质量提升效果

（1）改善土壤理化性状，提高土壤肥力。生物菌肥是高科技产品，能将空气中的游离氮固定下来，转化为氨态氮供给作物氮素营养，还能将土壤中不易被植物吸收的不溶性磷、钾转化为易被植物吸收的可溶性磷、钾。此外，一些生物菌肥还含有锌、锰、钼、铁、铜等微量元素和腐植酸供植物吸收利用，从而提高土壤肥力，有益微生物在根际的大量繁殖，不仅能促进大量维生素、激素类物质的合成，提高土壤有机质含量，同时产生大量植物分泌物与矿物胶体、有机胶体相结合，形成土壤团粒结构，改善了土壤理化性状，防止水、肥、土的流失，为农作物提供了良性生存环境。生物菌肥中含有丰富的有机质，腐解溶于土壤中会促进土壤有机质含量的增加。生物菌肥还可以提高一些土壤酶类活性，有利于土壤中养分的转化，利于植物的养分吸收利用。同时，在菌肥的帮助下会产生大量的 CO_2，提高土壤保水保肥能力。

（2）增加土壤微生物数量，改善土壤微生态环境。生物菌肥通过对土传病原菌的拮抗、在根际的营养和生态位竞争、调理土壤微生物区系、形成抑病型的土壤微生物区系等提升耕地土壤的健康质量，从而减少农用化学品的投入。生物菌肥中丰富的芽孢杆菌加胶冻样类芽孢杆菌，抑制了某些真菌生长，从而促进了某些土壤微生物群落功能的增长。

（3）改良盐碱地。盐碱地的共性是有机质含量低，土壤理化性状差，对作物生害的阴、阳离子多，土壤肥力低，作物不易促苗。施用生物菌肥能提高土壤肥力，改善土壤结构，减少毛细运动的速度和水分的无效蒸发，有明显的抑制返盐效果。施用生物菌肥后还能增加土壤有效钙含量，同时微生物分解有机质产生的有机酸也能使土壤吸附的钙活化，加强了对土壤吸附性的置换作用，导致脱盐脱碱。在生物菌肥的作用下，盐碱地的有害离子含量和 pH 明显降低，土壤缓冲性能增加，提高了作物的耐盐碱性。不同作物类型生物菌肥施用技术见表 7-8。

表 7-8　不同作物类型生物菌肥施用技术

作物类型	应用效果	文献来源
小麦	菌肥无机肥和秸秆炭无机肥处理的冬小麦籽粒产量较农户施肥提高 22.4%	窦露 等，2019
玉米	与对照（100%复合肥）相比，生物菌肥等量替代复合肥一定程度上增加了玉米穗粒数、千粒重和产量	许丽 等，2019
蔬菜	单施生物菌肥比施化肥蔬菜硝酸盐降低 100～600 mg/kg，糖分含量提高 0.17%～0.43%，维生素 C、蛋白质含量均有不同程度的提高，生物菌肥还改善土壤结构，降低对土壤环境的不良影响	于彩虹 等，2000

2. 生物菌肥施用的技术要点

（1）轻拿轻放，防止破损。不宜久放，最好随购随用。生物菌肥一般是真空包装，需在厌氧无菌下存放，一旦破口，就极易被杂菌感染而变质，使用后肥效下降。

（2）施用前应存放在阴凉干燥处，避免受热、受潮及阳光直射，且不能同时与化学肥料直接高温造粒。高温、低温、干旱条件下不要使用。固氮菌最适宜的活动温度为 25～30 ℃，高于 40 ℃和低于 5 ℃使用效果差或无效。因此，高温干旱必须在 16：00 以后施用，并及时覆土、浇水、保持土壤水分；低温季节要延长浸泡时间。

（3）保持土壤水分。当土壤中含水量为 30%～80%时，施用生物菌肥效果最好，含水量超过 80%或低于 30%时，均对生物菌肥正常发挥作用有影响。在温室蔬菜浇水应选择晴天上午进行，下午进行排湿，浇水时要注意小水多次，只有这样做才能保证生物菌肥发挥作用。

（4）在常规施肥的基础上使用生物菌肥效果最佳。生物菌肥并非化肥，其作用需有一定的营养基础，必须在土壤具有相对丰富营养下，才能发挥作用。不同作物在施入一定量生物菌肥后，氮肥的用量可逐年减少 10%，累计最多减少不大于加 30%。

（5）不要与杀菌剂、杀虫剂、除草剂、草木灰等混用。这些制剂容易杀死生物菌。应先施肥，间隔 48～72 h，再防病、灭虫和除草；喷施使用时喷雾器要干净并尽量喷到作物的叶片背面，防止阳光直射，杀死生物菌；拌种使用时不要与拌药的种子混合使用。

（6）不要与未腐熟的农家肥混用，未腐熟的农家肥在腐熟过程中会发酵，产生大量的热量，使温度高达 70 ℃左右，直接杀死生物菌，因此与农家肥混用时、必须是腐熟的，而且每天要翻动 1～2 次，混合 2～3 d 使用。如果遇未腐熟的农家肥时要现用现混，立即撒施，随后覆土或翻耕。

（二）缓控释肥施用技术模式

我国作为世界第一氮肥生产和消费大国，提高肥料利用率是转变农业生产方式，提高农业综合生产能力的必然要求。近年来，我国农业人员在提高粮食产量方面做了大量工作，其中在提高肥料利用率方面取得了丰硕的成果，如氮肥深施、肥水一体化、测土配方施肥、氮肥后移等技术。但是从施肥量增长幅度与粮食增产率的关系来看，氮肥利用率仍然没有明显提高。同时，由于对作物养分吸收规律不了解，农民实际生产中过分追求单产增加，大量增加肥料投入，却没有相应的大幅度提升产量而导致化肥利用效率降低，也产生如地下水硝酸盐污染、温室气体排放、大气污染、土壤酸化等许多环境问题。缓控释肥是一种通过各种调控机制使肥料养分最初释放延缓，延长植物对其有效养分吸收利用的有效期，使养分按照设定的释放率和释放期缓慢或控制释放的肥料，具有提高化肥利用率、减少使用量与施肥次数、降低生产成本、减少环境污染、提高农作物产品品质等优点，使用量较大时，也不会出现烧苗、徒长、倒伏等现象。

广义上讲，缓控释肥料是指肥料养分释放速率缓慢，释放期较长，在作物的整个生长期都可以满足作物生长需求的肥料。但狭义上，缓释肥和控释肥又有不同的定义。缓释肥，又称长效肥料，主要指施入土壤后转变为植物有效养分的速度比普通肥料缓慢的肥料，其释放速率、方式和持续时间不能很好地控制，受施肥方式和环境条件的影响较大。而控释肥是指通过各种机制措施预先设定肥料在作物生长季节的释放模式，使其养分释放规律与作物养分吸收基本同步，从而达到提高肥效目的的一类肥料。缓控释肥是一种利用新技术、新材料、新方法研制的新型肥料，通过某种机制措施控制养分释放来满足作物在不同时期对养分的需求，达到养分释放与养分需求二者之间供需基本平衡，该类肥料对于减少肥料淋溶、挥发，提高肥料利用率具有重要作用。缓控释肥替代普通氮肥技术是利用机械，将肥料、种子一次性作业施入土壤的轻简化施肥技术，完美地实现了良肥、良种、良法的有机结合，是现代规模化、集约化农业的重要组成部分。该技术解决了传统农业中施肥方式不合理、肥料用量把控不准、区域施肥不均匀等问题，此技术是一项节本增效、省工省时、农机农艺结合的新技术（刘轶，2016）。

近年来，控释肥在我国小麦、玉米等粮食作物上也有应用研究。随着控释肥生产成本的降低及产量的增加，控释肥在粮食作物生产中的广泛应用是化学肥料发展的必然方向。目前大量学者对肥料养分释放与作物吸收在时间上的同步性进行相关研究，此外在摸清作物养分需求规律的同时，通过研究肥料种类及施肥方式，是否能使肥料中的氮素供应满足作物对氮素的需求也是研究热点。

1. 缓控释肥施用的耕地质量提升效果

（1）控释尿素减少土壤硝态氮淋溶。有研究表明，经过5年的小麦—玉米轮作后，在0～60 cm土层，各施氮处理的硝态氮含量较不施氮处理有显著提高。在施用控释肥各处理中，常规氮量处理与70%氮量处理相比，硝态氮有显著提高，说明施肥量不同造成了氮素在土壤中残留量的差异。在0～20 cm土层，普通尿素处理在小麦苗期硝态氮含量显著高于其他控释尿素处理，在小麦的生育后期，该层土壤的硝态氮含量明显降低。在20～60 cm土层，普通尿素处理土壤硝态氮含量较高，这是由于尿素是速溶性肥料，施入土壤后硝态氮含量迅速增加，而硝态氮带有负电荷，土壤对其吸附能力较小，增加了硝态氮淋洗损失，从而导致氮素损失和对环境污染。在施用控释肥各处理中，常规氮量处理的硝态氮含量高于70%氮量处理，说明硝态氮淋失的风险随施氮量的增加而提高。

（2）控释尿素可提高作物产量及氮素利用率。肥料投入与农作物的需求相同步对作物增产起至关重要的作用，例如冬小麦和夏玉米氮素需求量与生育进程间符合"S"型曲线变化，小麦在苗期和孕穗期至成熟期氮素需求量较少，氮素需求高峰出现在拔节期至抽穗期；而控释尿素的氮素释放高峰出现在拔节期至抽穗期，此时为小麦营养生长和生殖生长并进阶段，需要大量的氮素。控释尿素此时的快速释放能充分满足小麦此阶段对氮素的需求（120～200 d）。玉米在苗期和灌浆期至成熟期氮素需求量较少，氮素需求高峰主要在拔节期至开花期；在玉米季控释尿素有两个氮素释放高峰，分别出现在苗期和拔节期至灌浆期，此时控释尿素的快速释放能够满足玉米在营养生长和生殖生长并进阶段（60～90 d）对大量的氮素需求。因此，控释尿素在田间的养分释放能够与小麦、玉米整个生育期对氮素的需求相吻合，从而达到同步营养的目的。

长期定位施用控释尿素的平均冬小麦、夏玉米产量及氮素利用率列于表7-9。轮作7年以后，在相同施氮水平条件下，控释尿素处理PCU、SCU和PSCU的增产幅度分别为54.8%、59.8%和64.5%，说明硫加树脂包膜尿素在该试验条件下对冬小麦增产效果最好。PCU、SCU和PSCU较Urea分别增产了4.9%、8.3%和11.5%。70%氮量的PCU、SCU和PSCU控释尿素处理较不施氮肥处理处理分别增产了43.2%、47.6%和52.0%，与Urea相比各减量控释尿素处理的产量持平或稍有增长。这说明控释尿素氮素的控制释放有效提高了小麦产量，在保证产量的前提下，可以减少30%氮肥的施用量，并且控释尿素一次施用可以节省施肥的用工费用。

表7-9　控释尿素对小麦和玉米产量及氮素利用率的影响

处理	冬小麦		夏玉米	
	平均籽粒产量（kg/hm^2）	平均氮素利用率（%）	平均籽粒产量（kg/hm^2）	平均氮素利用率（%）
CK	7 337	—	12 633	—
Urea	10 828	35.9	16 920	26.2

（续表）

处理	冬小麦		夏玉米	
	平均籽粒产量 （kg/hm²）	平均氮素利用率 （%）	平均籽粒产量 （kg/hm²）	平均氮素利用率 （%）
PCU	11 357	46.2	18 427	43.5
PCU70%	10 504	52.2	17 339	51.7
SCU	11 725	46.6	18 150	46.1
SCU70%	10 828	54.0	17 242	53.2
PSCU	12 070	48.3	19 125	47.3
PSCU70%	11 150	54.3	17 990	53.5

注：氮空白（CK）、尿素（Urea）、树脂包膜尿素（PCU）、树脂包膜尿素减氮量30%（PCU70%）、硫包膜尿素（SCU）、硫包膜尿素减氮量30%（SCU70%）、硫加树脂包膜尿素（PSCU）、硫加树脂包膜尿素减氮量30%（PSCU70%）（郑文魁，2017年）。

与冬小麦季相似，轮作7年后玉米季各施氮处理较不施氮肥处理增产幅度为33.9%～51.4%。在相同施氮水平下，控释尿素处理PCU、SCU和PSCU的夏玉米籽粒产量均显著高于Urea。PCU、SCU和PSCU较Urea分别增产8.9%、7.3%和13.0%。70%氮量的各控释肥处理与Urea相比产量持平或稍有增长。各施肥处理中PSCU的增产幅度最大。控释肥处理相对于普通尿素处理的增产效果好，表明控释肥的氮肥释放符合玉米生育期需肥规律，增加了作物的生物量及籽粒产量。

氮肥利用率反映了当季作物对施入土壤肥料氮的回收效率，是衡量农田氮肥施用经济效应和环境效应的重要指标。相同施氮水平下，控释尿素处理PCU、SCU和PSCU的小麦氮素利用率均显著高于Urea，其中PSCU处理的氮素利用率最高。从7年平均氮素利用率来看，PCU、SCU和PSCU相对于Urea氮素利用率分别增加了28.7%、29.7%和34.4%。在控释尿素处理中，随施氮量增加小麦氮素利用率显著降低。说明适量减少控释尿素用量可显著提高氮素利用率。相同施氮水平下，控释尿素处理PCU、SCU和PSCU的玉米氮素利用率均显著高于Urea处理，提高幅度为65.9%～80.3%，其中PSCU处理的氮素利用率最高。控释尿素减氮处理PCU70%、SCU70%和PSCU70%相对于Urea玉米氮素利用率分别增加了97.0%、102.6%和103.8%。

2. 缓控释肥施用的技术要点

（1）注意种（苗）肥隔离，至少8～10 cm，以防烧种、烧苗。作为底肥施用，注意覆土，以防止养分流失。

（2）注意施用时期。缓控释肥一定要作基肥或前期追肥，即在作物播种时或在播种后的幼苗生长期施用。

（3）选择合适的施用量。一定结合当地种植结构及方式、常规用肥习惯进行推荐，常规用肥和长效缓释肥总含氮量上不能相差太多。一般推荐施用氮含量在 26% 以上、磷 8%～10%、钾 10%～12% 为宜。氮含量过低作物生长后期易脱肥。

（4）缓控释肥料的养分调控措施均受到环境因素的影响。在选择和施缓控肥料类产品时需要充分考虑环境因素。有机包膜控释肥料主要受温度影响，温度越高养分释放越快，高温地区宜选用肥效期长、受温度影响相对较小的控释肥料类产品。添加抑制剂类稳定型肥料中的抑制剂易随水淋失，故而在降水较少的地区效果更为明显。脲醛类或硫衣肥料类缓释肥受土壤温度、水分、pH、微生物等多种因素影响，选用此类产品时更要综合考虑环境因素的影响。目前的腐植酸尿素、吡啶氮肥、葡聚糖增值氮肥等均有较好控释效果和应用。

七、生物炭施用技术模式

生物炭是在低氧和缺氧条件下，将农作物秸秆、木质物质、禽畜粪便和其他材料等有机物质经过高温热解而形成的产物，是以固定碳元素为目的的炭。生物炭在农业上的应用主要指在土壤中加入生物炭颗粒或载有菌体、肥料或与其他材料混配的功能型生物炭复合材料，主要有改良土壤、增加地力、改善植物生长环境、提高土壤生产力及农产品品质的作用，推广生物炭的实施对提升耕地质量意义重大。

（一）生物炭施用的耕地质量提升效果

1. 改善土壤物理性质

生物炭的容重远低于矿质土壤，将生物炭添加到土壤中可以降低土壤容重。生物炭的孔隙分布、连接性、颗粒大小和机械强度以及在土壤中移动等因素均影响土壤孔隙结构。与土壤相比较而言，生物炭具有更大的孔隙度、密度小，向土壤加入生物炭后能够有效降低土壤的抗张力强度和土壤容重，降低土壤紧实度，从而改善土壤质量。

2. 增加土壤养分含量，提高保肥能力

施用生物炭可以降低土壤酸度、增加土壤有机质和养分含量，从而降低养分流失，提高土壤保肥能力。生物炭中 30% 左右的组成成分为无机盐，当生物炭作用于酸化土壤时，这些无机盐离子可以释放到土壤中去，与土壤中的游离氢离子发生置换作用，从而降低氢离子的酸化作用，提升土壤碱化性质，对酸化土壤进行有效修复。此外，生物炭对于 NH_4^+-N 和 NO_3^--N 有很好的固持作用，除了生物炭本身的吸附作用以外，能够有效防止氮素淋溶和挥发损失。生物炭与化肥配施能够改善土壤理化性质，显著提高土壤有机碳、全氮、碱解氮含量，促进玉米对氮素、磷素的吸收。

3. 修复土壤重金属污染

生物炭因其比表面积大、孔结构丰富且含有大量的无机灰分和极性官能团，对重金属表现出较强的吸附能力。将生物炭添加到重金属污染的农田土壤后，可以调节和改变土壤中 Cd 的物理化学性质，降低其在植物根际环境中的生物有效性和可迁移性，从而降低植物对 Cd 的吸收富集。生物炭所具有的物理化学性质使它可以作为污染土壤的一种化学钝化剂，通过吸附、沉淀、络合、离子交换等一系列反应，使污染物向稳定化形态转化，以降低污染物的可迁移性和生物可利用性，从而达到污染土壤原位修复的目的。不同作物类型生物炭施用技术见表 7-10。

表 7-10　不同作物类型生物炭施用技术

作物类型	应用效果	文献来源
小麦	产量及水分利用效率随生物炭施用量的增加先增加后减少，当生物炭用量为 30 t/hm² 时，产量及水分利用效率最大，分别为 6 640 kg/hm²、18.1 kg/（hm²·mm），比对照（CK）分别显著增加 17.2%、17.8%	孙海妮 等，2018
玉米	生物炭与氮肥配合施用时推荐氮肥适宜用量为纯 N 165～210 kg/hm²，可实现节氮 30%～45%，氮高效玉米品种氮效率提升 52.78%～93.33%	崔文芳 等，2022
蔬菜	施用 20 t/hm² 比例的生物炭显著提高油菜产量，50 t/hm² 生物炭施用可使产量进一步提高，但 100 t/hm² 的生物炭施用相比 50 t/hm² 增产并不明显，50 t/hm² 的生物炭施用量对提高作物产量较为适宜	房彬 等，2014

（二）生物炭施用的技术要点

（1）在施用生物炭时注意配施氮肥、补充硫肥。生物炭加工过程中氮、硫分解损失较严重，碳氮比比有机肥高得多，加上生物炭有非常强的吸附性，大量单一施用会导致土壤有效养分被吸附，特别是对氮的吸收，从而降低土壤有效养分含量而影响作物生长。

（2）避免在碱性土壤中大量施用。生物炭土壤改良剂呈弱碱性，如在碱性土壤中大量施用会加重土壤碱性，从而影响作物生物发育。

（3）施用时需注意防护。基于生物炭比表面积大和孔隙度高的特点，许多污染物、细菌和病毒容易附着在生物炭上，并随着空气流动细小的生物炭颗粒容易进入人体呼吸道和皮肤，对呼吸系统和心血管健康造成一定威胁。

（4）尽量选择晴朗无风的天气进行生物炭施用。因为生物炭大多为颗粒状，由于粒小质轻遇见有风天气容易随风飘起。如果在有风天气进行施用，不仅会导致生物炭的损失，还不能保证使用的均匀度。

（5）用喷雾器对生物炭进行湿润时，注意湿润的程度，既不能不湿润，也不能湿润过度。不湿润翻地时生物炭会随着旋耕机飞扬会影响湿润的均匀度，湿润过度翻地时生物炭会黏附于旋耕刀片上，而且不利于生物炭进入深层土壤。

八、深耕深松等耕作技术模式

耕作方式对作物生长发育和农业生产环境都有很大的影响，且随着机械科学技术的推广与应用，机械化耕作方式逐步取代了最原始的传统耕作方法，改善了耕种品质提高和作业效益。我国作为世界农业大国，在科学技术的支撑下，农业生产逐渐趋于机械化发展，其可提升生产效能、降低生产成本，机械化耕地能够改善当地土壤结构，为农作物生长发育创设优质的土壤环境，受到农民的普遍欢迎和认可。

旋耕是目前华北地区小麦播种的主要方式，但大量研究发现长期旋耕会出现犁底层，亚表层土壤结构较差及养分条件差，作物根系无法深扎等问题。深耕主要是指在田地进行农业生产之前，利用拖拉机配套铧式犁等深耕机械开展整地作业，将浅层土壤翻下去，将深层土壤翻上来。深耕一般深度能达到 25～30 cm，其具有混土、翻土、松土以及碎土等作用，通过深耕技术起到改善土壤性能的作用，为农作物生长创设良好环境。深松主要是指拖拉机配套深松机开展作业，整地深度 25 cm 以上，保持原土层基本不动，打破犁底层，加深耕层。促使地表水可以渗入土壤中，在提升土壤含水量的同时，避免水分大量蒸发，满足农作物生长对水分的需求。深松耕作可松动深层土壤，将秸秆施入土壤中，形成腐植酸，增加土壤有机质含量，并且增加肥料溶解能力，提高肥料利用率，深松耕作可将深松与分层施肥相结合，提高了根系的下扎能力，使作物汲取深层土壤营养，利于作物增产（李赟虹，2020）。

（一）深耕深松耕作技术模式的耕地质量提升效果

1. 机械深耕打破犁底层，减少耕作阻碍

机械深松技术通过深松机的运作对土地进行翻松，有助于打破犁底层，对作物根系的发育也有一定的积极作用。研究发现，深松比浅耕 0～40 cm 的土壤容重降低了 6.13%～7.47%，土壤孔隙度增加了 8.64%～10.90%（马阳，2018）（表 7-11）。不同机械耕种方式下对 0～30 cm 的土壤紧实度影响较大，呈现深松处理＞浅耕处理（图 7-6）。可见，深松有降低土壤容重，增加孔隙，疏松土壤的效果，达到改善土壤耕层环境的目的。

表7-11 不同耕作方式下的土壤容重和孔隙度

处理	容重（g/cm³）				孔隙度（%）			
	0～ 10 cm	10～ 20 cm	20～ 30 cm	30～ 40 cm	0～ 10 cm	10～ 20 cm	20～ 30 cm	30～ 40 cm
浅耕+农民施肥	1.51	1.64	1.54	1.61	43.21	38.30	41.89	39.25
浅耕+推荐施肥	1.41	1.59	1.59	1.63	46.98	40.19	40.19	38.68
深松+分层施肥	1.25	1.53	1.52	1.53	52.83	42.45	42.64	42.45

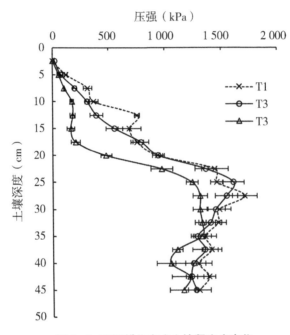

图7-6 不同耕作方式土壤紧实度变化

注：图中T1、T2、T3分别表示浅耕农民施肥、浅耕推荐施肥、深松分层施肥，下同。

2. 机械深耕增加土壤通气性，蓄水保墒

深耕深松技术有助于缓解土壤盐碱化和水涝问题，从而降低土壤的水土流失。在运用传统耕作技术的过程中，容易在灭茬时形成坚硬的犁底层，而通过深耕深松技术可以避免这一问题，提升土壤的透气性和透水程度，将土壤的密度调节在合理范围内，确保农作物苗壮生长。经过深翻、深松的土壤，即使在短时间内受到大量降水，也不会在垄沟中积蓄大量雨水，主要是因为绝大多数的降水都会渗透到地下，储存在土壤中。因此，具有较强蓄水能力的土壤，其水分流失的程度也较低、蒸发过程中所散失的水分也较少。采用深松技术，使土壤能够充分吸收降水、储存水分，从而确保作物健康生长。由图7-7可知，深松全层施肥和深松两肥异位分层施肥可显著降低土壤容重含量。深松全层施肥和深松两肥异位分层施肥的土壤入渗速率较免耕浅施肥分别显著提升51%和59%（马阳，2018）（图7-8）。因此，深耕、深松技术可以显著提升土壤的蓄水能

力，使得土壤的蓄水量得到提高，对于提升农作物的产量具有重要意义。

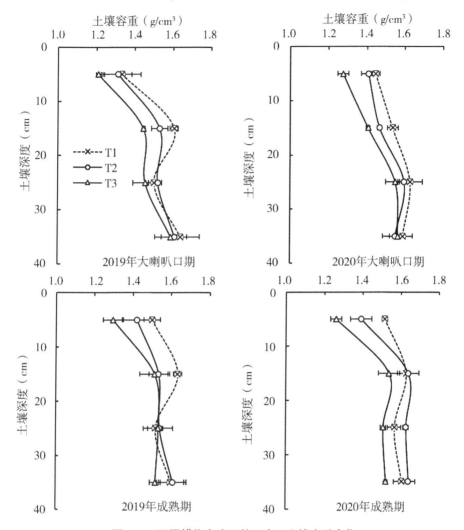

图7-7　不同耕作方式下的玉米田土壤容重变化

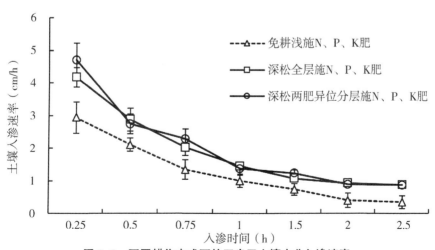

图7-8　不同耕作方式下的玉米田土壤水分入渗速率

3. 机械深耕除草灭虫，改善生长环境

通过机械化深耕深松技术可以保证松土、翻土作业的持续性和连贯性，将土壤中隐藏的虫害挖掘出来，避免农作物在生长中遭遇虫害侵袭。同时，杂草也是影响农作物生长的重要因素，通过深耕深松可以除去杂草根茎，避免农户在生产中大量使用除草剂和杀虫剂，在降低生产成本的同时，避免化学药剂对土壤产生副作用。在应用的过程中，深耕深松技术还有利于加强环境的保护。传统的耕作方式容易在土壤中遗留硬质的土壤颗粒和大块儿的断茬，不利于土壤中微生物的降解，而深耕深松技术则能够将作物的根茬进行彻底的粉碎，并与土壤进行均匀的搅拌，从而帮助微生物进行分解，微生物分解后可为提供丰富的有机质和矿质元素。

4. 机械深耕利于秸秆还田，提高有效养分

由于秸秆还田后习惯采用旋耕机作业，作物秸秆仅在浅层土壤中混合甚至外露于地表。因为长期秸秆还田，累积秸秆量巨大，造成浅层土壤过于疏松，漏气跑墒。深耕能够将秸秆深埋于地下，增加土壤通透性，提高保水能力，一方面有利于秸秆的腐烂，释放秸秆中的营养物质，降低化肥用量；另一方面能消除地表秸秆，便于播种作业。

5. 机械深耕促进作物生长，提高经济收益

机械化深耕对于0~40 cm土壤理化性状影响较大，农作物生长需要一定的耕作深度。以玉米为例，根系生长和时空分布对于作物养分和水分吸收具有非常重要作用，深耕（松）增加作物根量及改善根系分布，玉米主要集中于土壤表层，随土壤深度的增加，根长与根表面积密度呈下降趋势。深松分层施肥处理各土层根长与根表面积密度均高于其他处理，分别提高28.09%~43.11%、21.68%~33%。说明深松耕作促进根系下扎，提高根系活力，能够满足作物生长耕作深度，有效促进作物生长，实现增产（图7-9）。

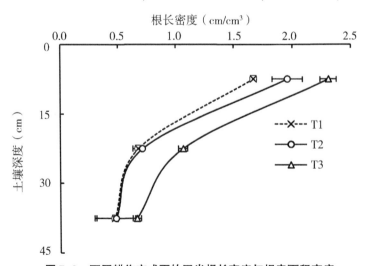

图7-9 不同耕作方式下的玉米根长密度与根表面积密度

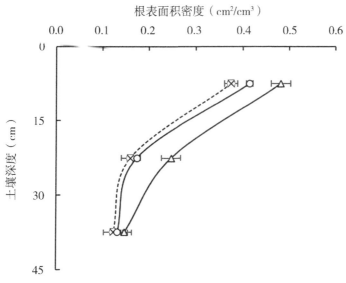

图7-9　不同耕作方式下的玉米根长密度与根表面积密度（续）

与免耕和旋耕比较，玉米进行条带深松能够提高干物质积累量，且深松延长光合作用时间，促进玉米花后干物质的形成。合理的耕作施肥模式有效地促进了玉米花前干物质积累以及花后干物质从营养器官向籽粒的转运，提升籽粒生物量比例，有利于获得较高籽粒产量。成熟期，深松施肥处理较其他处理显著提高2.91%～11.29%（图7-10）。深松处理下的籽粒干物质积累量和千粒重显著提高，传统旋耕相比较，深松在提高小麦和玉米生产的同时，也提高了地上部氮素和磷素的积累，从而提高了花前氮素转运。研究表明，深翻和深松较常规旋耕氮转运量分别提高29.71%、29.79%，磷转运量分别提高11.35%、10.35%，钾转运量分别提高22.38%、13.76%。

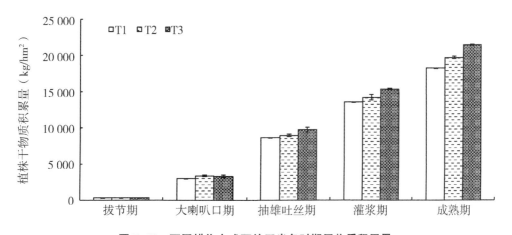

图7-10　不同耕作方式下的玉米各时期干物质积累量

据中低产田数据调查显示，在机械化深松的前提下，我国玉米的产量可增长80 kg/亩左右，较未深松的地块产量提高了20%以上。其他品种农作物的增长量也呈持续增长，马铃薯、甜菜等部分品种实现了翻倍增长。研究表明，深松两肥异位分层施肥和深松全层施肥下的玉米产量平均提高11.74%和22.6%，纯收益较免耕浅施肥平均提升1 880元/hm²和3 843元/hm²（马阳，2018）（表7-12）。

表7-12　不同耕作方式下的玉米产量及经济效益

年份	处理	肥料成本（元/hm²）	播种费用（元/hm²）	管理成本（元/hm²）	产量（kg/hm²）	产值（元/hm²）	纯收益（元/hm²）
2016	免耕浅施肥	2 070	825	5 520	10 820	19 476	11 061
	深松全层施肥	2 070	1 125	5 520	11 981	21 566	12 851
	深松两肥异位分层施肥	2 123	1 125	5 520	13 163	23 693	14 925
2017	免耕浅施肥	2 070	825	5 520	9 809	17 655	9 240
	深松全层施肥	2 070	1 125	5 520	11 070	19 925	11 210
	深松两肥异位分层施肥	2 123	1 125	5 520	12 128	21 831	13 063

（二）深松深耕的技术要点

（1）深耕深松要在土壤的适耕期内进行。深耕的周期一般是每隔2～3年深耕1次。

（2）选择合适的翻耕深度。机械化深耕深松与以往的旋耕存在较大差异，最显著的作用为深度，通过机械化作业的方式，还能够避免消耗大量人力。但是翻耕深度并不是越深越好，如果深度过深，不仅不能起到良好的翻耕效果，同时还会对机械设备造成不必要的损耗。因此，农户需要合理选择翻耕深度，最佳深度为35～40 cm，如果在干旱少雨地区，可适当降低翻耕深度，避免土壤水分大量流失。

（3）合理选择应用的时间。切实提升农作物的质量和产量，农户在具体应用该技术中，需要合理选择耕作时间。耕翻作业宜在当地雨季开始之前进行或在前茬作物收获后立即进行，特别是对需要晾垡和晒垡的半休闲地，争取早翻耕。

（4）深耕深松的同时，配施有机肥。由于土层加厚，土壤养分缺乏，配施有机肥后，可促进土壤微生物活动，加速土壤肥力的恢复。

主要参考文献

白云刚，2019. 浅析农业机械深耕的利与弊 [J]. 云南农业 (10)：23-24.

崔文芳，高聚林，陈静，等，2022. 生物炭与氮肥减量条件下氮高效玉米品种的氮效率研究 [J]. 玉米科学，30 (1)：123-129.

窦露，杨福田，谢英荷，等，2019. 生物菌肥、秸秆炭对麦田土壤酶活性及小麦产量的影响 [J]. 应用与环境生物学报，25 (4)：926-932.

杜佳林，侯海鹏，卢东琪，2020. 少免耕耕作方式对土壤理化性状及小麦产量的影响 [J]. 中国农技推广，36 (10)：69-71.

房彬，李心清，赵斌，等，2014. 生物炭对旱作农田土壤理化性质及作物产量的影响 [J]. 生态环境学报，23 (8)：1292-1297.

高青海，陆晓民，贾双双，2013. 不同作物秸秆还田对设施黄瓜生长及光合特性的影响 [J]. 西北植物学报，33 (10)：2065-2070.

高晓梅，刘晓辉，于淼，等，2021. 秸秆还田量对半干旱褐土区氮素淋溶及春玉米产量的影响 [J]. 山东农业科学，53 (10)：64-71.

龚静静，胡宏祥，朱昌雄，等，2018. 秸秆还田对农田生态环境的影响综述 [J]. 江苏农业科学，46 (23)：36-40.

黄语燕，刘现，王涛，等，2021. 我国水肥一体化技术应用现状与发展对策 [J]. 安徽农业科学，49 (9)：196-199.

李赟虹，2020. 粮田作物生长及土壤理化性质对不同机械化耕种方式的响应 [D]. 保定：河北农业大学.

刘洋，栗岩峰，李久生，2014. 东北黑土区膜下滴灌施氮管理对玉米生长和产量的影响 [J]. 水利学报，45 (5)：529-536.

刘轶，2016. 控释肥氮释放对小麦玉米产量及氮素利用率的影响 [D]. 泰安：山东农业大学.

马阳，2018. 不同耕作施肥方式下的夏玉米养分利用和土壤效应研究 [D]. 保定：河北农业大学.

戚迎龙，史海滨，王成刚，等，2016. 滴灌水氮对土壤残留有效氮及玉米产量的影

响 [J]. 土壤, 48 (2): 278-285.

石岩, 位东斌, 于振文, 等, 2001. 施肥深度对旱地小麦氮素利用及产量的影响 [J]. 核农学报 (3): 180-183.

孙海妮, 王仕稳, 李雨霖, 等, 2018. 生物炭施用量对冬小麦产量及水分利用效率的影响研究 [J]. 干旱地区农业研究, 36 (6): 159-167.

王旭, 孙兆军, 杨军, 等, 2016. 几种节水灌溉新技术应用现状与研究进展 [J]. 节水灌溉 (10): 109-112, 116.

武继承, 杨永辉, 潘晓莹, 等, 2017. 小麦—玉米滴灌水肥一体化的节水增产效应 [J]. 河南农业科学, 46 (2): 16-21.

徐丽萍, 王秋君, 王光飞, 等, 2021. 水肥一体化下氮肥不同追施量对设施蔬菜生长的影响 [J]. 江苏农业科学, 49 (14): 108-111.

许丽, 孙青, 宗睿, 等, 2019. 生物菌肥等量替代氮磷钾复合肥对冬小麦和夏玉米产量及土壤肥力的影响 [J]. 山东农业科学, 51 (4): 85-88.

杨林林, 张海文, 韩敏琦, 等, 2015. 水肥一体化技术要点及应用前景分析 [J]. 安徽农业科学, 43 (16): 23-25, 28.

杨晓宏, 严程明, 张江周, 等, 2014. 中国滴灌施肥技术优缺点分析与发展对策 [J]. 农学学报, 4 (1): 76-80.

于彩虹, 许前欣, 孟兆芳, 2000. 生物菌肥对蔬菜品质的影响 [J]. 天津农业科学 (2): 20-22.

张世卿, 2020. 小麦—玉米轮作系统中生物有机肥替代不同比例化肥的效应研究 [D]. 保定: 河北农业大学.

张晓雪, 吴冬婷, 龚振平, 等, 2012. 施肥深度对大豆氮磷钾吸收及产量的影响 [J]. 核农学报, 26 (2): 364-368.

赵士诚, 魏美艳, 仇少君, 等, 2017. 氮肥管理对秸秆还田下土壤氮素供应和冬小麦生长的影响 [J]. 中国土壤与肥料 (2): 20-25.

赵亚丽, 杨春收, 王群, 等, 2010. 磷肥施用深度对夏玉米产量和养分吸收的影响 [J]. 中国农业科学, 43 (23): 4805-4813.

郑文魁, 2017. 控释尿素在小麦—玉米轮作体系中的养分高效利用研究 [D]. 泰安: 山东农业大学.